"地球"系列

沙 漠

[英] 罗斯林·D.海内斯◎著

黎若禧◎译

上海科学技术文献出版社
Shanghai Scientific and Technological Literature Press

图书在版编目（CIP）数据

　　沙漠／（英）罗斯林·D.海内斯著；黎若禧译 . —上海：
上海科学技术文献出版社，2022
　　（"地球"系列）
　　ISBN 978-7-5439-8476-9

　　Ⅰ . ① 沙…　　Ⅱ . ① 罗…② 黎…　　Ⅲ . ① 沙漠—科普读
物　Ⅳ . ① P941.73-49

　　中国版本图书馆 CIP 数据核字 (2021) 第 223004 号

DESERT

Desert: Nature and Culture by Roslynn D. Haynes was first published by Reaktion Books in the Earth series, London, UK, 2013. Copyright ©Roslynn D. Haynes 2013

Copyright in the Chinese language translation (Simplified character rights only) © 2022 Shanghai Scientific & Technological Literature Press

All Rights Reserved
版权所有，翻印必究

图字：09-2020-503

选题策划：张　树　　　　　　责任编辑：姜　曼
助理编辑：仲书怡　　　　　　封面设计：留白文化

沙　漠
SHAMO
[英]罗斯林·D.海内斯　著　　　黎若禧　译
出版发行：上海科学技术文献出版社
地　　址：上海市长乐路 746 号
邮政编码：200040
经　　销：全国新华书店
印　　刷：商务印书馆上海印刷有限公司
开　　本：890mm×1240mm　1/32
印　　张：7
字　　数：129 000
版　　次：2022 年 4 月第 1 版　2022 年 4 月第 1 次印刷
书　　号：ISBN 978-7-5439-8476-9
定　　价：58.00 元
http://www.sstlp.com

目录

前　言

> 沙漠的伟大在其本身，在其干旱。沙漠既是地表的负离子库，也是人们口中负面的代名词。在沙漠，生物资源和水源稀缺，但那儿的空气无比纯净，连群星也不惜陨落于此……在这儿你能感受到前所未有的寂静。
>
> ——让·鲍德里亚（1986 年）

"沙漠"不是一个普通的词。在地理上，人们根据地区降雨量来定义沙漠。与其他地貌不同的是，沙漠的名字本身就给人一种不祥的预感。中文"沙漠"对应英文中的"desert"，英文中该词和罗曼斯语中表示相同意思的单词以及埃及语中"tesert"都源于拉丁语中的"desertum"，意思是"被遗弃的"。印地语中，"marustahal"一词最初的意思是"死亡之海"。塔克拉玛干沙漠的名字极有可能来自阿拉伯语中对应"遗弃之地"意思的词，到了维吾尔语便译为"塔克拉玛干"。在沙漠中，人们很可能会因为高温、严寒、饥渴或迷路而葬身沙漠，因此以上这些词的含义倒也不足为奇。

　　在沙漠跋涉除了要克服生理极限，也要克服精神挑战。沙漠一望无垠，隔绝了外界，只有一片死寂。走在沙漠，人们不禁会质疑自我，质疑自己存在的意义，这种感觉太过强烈，令人难以忽视。英国探险家埃内斯特·贾尔斯（1835—1897）曾写过他在澳大利亚沙漠的经历。他说：

　　　　"我感到些许孤独，我思忖着前人所写的孤独之乐，那些愤世嫉俗的人、隐士、以孤独为乐的人，他们所说的孤独之乐并不是人心所向往的。没有什么比永远的孤独的沉思更令人恐惧。"

　　然而，沙漠对许多人来说其实有着很强的吸引力。对先哲来说，沙漠是净化灵魂和让灵魂焕发生机的地方；对探险家们来说，发现新事物是他们的激情所在，他们都希望成为第一个踏足新大陆的人；对于旅行者来说，吸引他们的往往是沙漠的极端生存条件，在那儿迎接酷暑、极寒和对身体耐力极限的挑战，抑或对于他们来说这里是一个回归简单、找到生命重心所在的地方；对艺术家来说，沙漠有着绚丽的色彩、简单的线条和清晰的视野；对天文学家来说，沙漠大气干燥，是地球上最佳的观测点；对作家来说，沙漠代表着沉寂、孤独，是圣地的边缘；对当地人来说，沙漠是他们的家园。

本书将探讨世界上各种各样的沙漠，包括热沙漠、冷沙漠、沿海沙漠、内陆沙漠、沙质沙漠、石质沙漠和盐漠，其中我们还会讲到世界上最大的沙漠——冰封南极洲。我们知道在地质年代表上，沙漠只是短暂地存在过，它们曾经出现过又消失了，留下了一系列非常有趣的考古发现，包括海洋化石、洞穴壁画等，这些考古证据向我们述说着沙漠的过去。许多动植物在这种恶劣的环境下生存了下来，它们的适应性尤为惊人，适应特征多种多样，甚至比沙漠种类更加多样。沙漠文明的多样性对比沙漠的多样性同样更胜一筹，许多沙漠艺术，包括千年木乃伊，都是人类生活的见证。但随着时代变迁，几乎所有有关沙漠的人类社会的政治、经济都面临着新的挑战。在本书中，我们也将会探索为什么世界上的宗教多起源于沙漠，以及伦理道德对人们潜移默化的影响。最后几章将会介绍为我们展现沙漠风光的那些人，通过他们的所见所想，我们才得以构建起想象中沙漠的形象。他们是探险家和旅行家，记录下各自离奇的经历，向我们讲述是什么吸引他们来到这些陌生而又危险的地方；他们是作家和电影制作人，他们富于想象，积极地探索着这片未知的地方；他们也是艺术家和摄影师，向我们展现了沙漠的另一面，不再是枯燥单调的画面而是全新而壮丽的风景。

地理学家段义孚曾经说过，从希罗多德时代开始，西方人普遍认为沙漠不存在，他们从未来到这片土地，

人们认为造物者不可能创造这种可怕的地方，认为沙漠的存在即是对造物者的玷污。在北美和澳大利亚，人们仍盲目乐观地在寻找新大陆，沉浸于追逐赏金的白日梦。

　　然而事实上，沙漠正面临着巨大的挑战，人们在沙漠环境保护上做得远远不够，许多人甚至忽略了沙漠环境保护的责任，现在这片净土正濒临消失。

厄尔切比沙丘，摩洛哥，2005 年

第一章　各种各样的沙漠

沙漠是一个让人不抱期待的地方。

——纳丁·戈迪默《降雨》（1973）

我们脑海中的沙漠通常是一片广阔无垠的、气候炎热的地方，在我们的想象中，沙漠深处也许还会看到一处绿洲，看到棕榈树斑驳的影子。实际上，世界上的沙漠在年龄、地貌、稳定性、地表特征、温度、动植物和文化等方面都有很大的差异，我们想象中的沙漠其实只是极少数。我们可能都不知道南极洲是这个世界上最大的沙漠。为了避免歧义，我们现在将沙漠定义为年均降水量少于250毫米（约10英寸）的地区，或者是蒸散量大于降水量的地区。即使是限制在了这个范围内，沙漠仍然非常多样。在南美洲西部的阿塔卡马部分地区，400年来都不曾降过雨，而在澳大利亚的沙漠地区，干旱了几十年的河道很可能会在一个季节里就被洪水淹没。雨后的沙漠像一座花园，百花争放，吸引无数昆虫、爬行动物和鸟类前来觅食。

阿卡库斯山脉的沙丘，利比亚西部，撒哈拉沙漠的一部分

　　与人们普遍的看法相反，世界上只有五分之一的沙漠有沙子覆盖，沙子形成面积庞大的浪形沙丘，像海浪一样此起彼伏、绵延不绝。主要的沙漠地形可划分为四类：山地荒漠和盆地沙漠；岩石高原或岩漠（当风吹走细沙颗粒时便会形成这种地形）；路上可能都铺满了鹅卵石的石质平原；拥有盐滩的山间盆地。

　　沙漠的年龄和外观各不相同。在地质年代表上，它们曾出现过也曾消失过。考证沙漠地区的岩石艺术，我们得知，在12000年前，最后一个冰河时代结束时，撒哈拉沙漠和位于埃及西南部干旱的大吉勒夫山区（被称作"大关卡"）曾经也是一片水源充足、树木繁茂的地方，许多喜水动物在那儿繁衍生息，如鳄鱼、河马、大象、牛、羚羊等。直到2000年前，这幅景象也不曾改变过。在阿尔及利亚发现的恐龙化石也表明当地曾经植被茂盛。更早的时候，在1.5亿到2亿年前，撒哈拉沙漠地区是一片5000米深的远古海洋，远古生物成了沙地下的化石，地下800米处是一个巨大的化石水储藏库，被封存在不透水的岩石层中长达数千年，水质仍然干净且新鲜。南极洲地区曾经覆盖着茂密的森林，大约在一亿年前白垩纪时期，澳大利亚中部的沙漠曾是一片广阔的内陆海，被称为伊罗曼加海，那儿曾经生活着像鲸鱼这么大的海洋爬行动物、上龙、蛇颈龙、鱼龙和外形与鱿鱼相似的箭石类动物。

沙漠也有消失的可能。地质学家认为，大约550万年前，整个地中海地区是一片低洼的沙漠，与大西洋隔开，中间的陆桥连接非洲和欧洲。冰河时代结束后，海平面上升时，大西洋涌入，逐渐填满了这个巨大的沙漠盆地。

如果根据温度划分沙漠，有热沙漠（即亚热带沙漠）、半干旱沙漠、凉爽的沿海沙漠、冰冷的极地沙漠。内陆沙漠如撒哈拉沙漠、阿拉伯沙漠、亚洲沙漠等没有云层作为隔离层，昼夜温度变化极大，正午温度高达58℃，到了晚上温度直降冰点以下。

热沙漠

最著名的热沙漠是撒哈拉沙漠（"撒哈拉"在阿拉伯语中的意思是"沙漠"），它是仅次于南极洲的世界上第二大的沙漠。撒哈拉沙漠横跨北非 13 个国家，绵延 4800 千米，人口约有 400 万。尽管撒哈拉沙漠正是西方人想象中那种单调的沙漠，但这片沙漠其实有着各种各样的地貌，包括山脉、石质路面、砾石路、大片的风成沙丘、浪形沙丘和火山山脉（包括 900 米高的霍加尔山）。在乍得的恩内迪山脉、利比亚的塔德拉尔特·阿卡库斯地区和阿尔及利亚南部，风沙侵蚀形成了数百个天然拱门。撒哈拉中部的塔西里·阿杰尔山脉，地貌酷似月球地表，遍布陡峭的峡谷和壮观的岩层。在远古时代，河流从这个塔西里·阿杰尔山脉奔流而下，"塔西里·阿杰尔"在柏柏尔语中的意思是"河流之原"，水流刻出深深的山谷，填满湖道，形成了巨大的湖泊，这些地区今天成了大面积的浪形沙丘。在较近的干旱期里，风力侵蚀形成了类似于石林的岩层。

《阿拉伯的劳伦斯》中沙漠贝都因人生活的浪漫图景让西方人为之着迷，早在这之前，西方世界就已经被阿拉伯沙漠及其传统居民深深吸引了，无论是 19 世纪旅游者惊险的传奇旅行和巧妙的伪装，还是伊斯兰圣地，都让西方人痴迷其中。阿拉伯沙漠的景色壮丽多彩，黄色的沙砾和彩石映衬在灿烂的蓝天之下，一片广阔。但大多数旅行者印象中的沙漠仍然是那片辽阔空旷、充满死寂的沙漠。唯一打破死寂的是席卷而过的沙尘暴，铺天盖地，几分钟内便能吞噬帐篷。

从地理上说，阿拉伯半岛是一个巨大的高原，西面

塔德拉尔特·阿卡库斯的拱门，利比亚，2007 年

塔西里·阿杰尔国家公园，阿尔及利亚，2009 年

是陡峭的阿西尔山和汉志山，向另外三面延伸开来，三面都是悬崖峭壁。阿拉伯半岛起于也门，一直延伸到波斯湾，涉及三个大沙漠地区：叙利亚沙漠（又称"哈马丹沙漠"）、北部的沙海内夫得沙漠，还有阿拉伯南部极度干旱的鲁卜哈利沙漠（被称作"空旷的四分之一"，年降雨量仅 35 毫米）。鲁卜哈利沙漠的沙丘高达 250 米，

沙 漠

2008年，鲁卜哈利
沙漠（意为空旷的四
分之一）

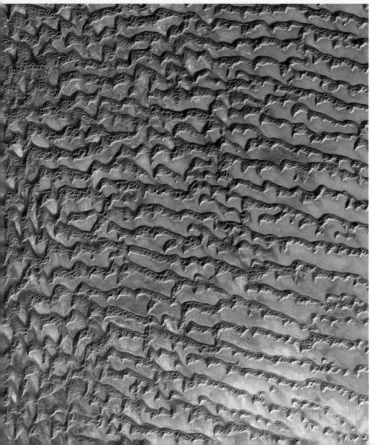

鲁卜哈利沙漠的卫
星图

卡拉哈里沙漠特色的带刺树，2003 年

主要由硅酸盐构成，表面覆盖着氧化铁，呈红色、紫色和橙色。阿拉伯沙漠还包括乌姆艾尔萨米姆流沙、杰贝尔图伊格地区的石灰岩悬崖、高原与峡谷区域和西部 18 个火山区，主要集中在汉志。南部的也门被罗马人称为"幸福的阿拉伯"，因为该地区降雨量相对较高，海上交通便利，乳香和没药的出口量大，这儿也是东方香料的贸易中心。在遥远的东方，位处瓦希巴沙漠的阿曼遍布沙丘和旱谷，现在完全被贝都因人占领了。

1938 年，在达兰首次发现油藏，原本贫穷的阿拉伯半岛经济发生了巨变。如今世界上三分之一的油储都在这里，油层离地表很近，因此开采成本极低，阿拉伯国家因此能够通过调整供应来控制油价，在世界石油短缺时增加产能。化石水比石油更具价值，来自冰河时代的蓄水层中，在那里化石水已经被封存了 25000 年。然而，

巴希巴沙漠，阿曼沙
漠地区，2008 年

人们为了农业灌溉排干了这些水库，增加了土地盐度，
反而弄巧成拙。

卡拉哈里沙漠（"卡拉哈里"来自当地的茨瓦纳卡拉
加里语，意为"无水的地方"）与典型的沙漠不同，从
博茨瓦纳大部分地区一直延伸到纳米比亚和南非，但卡
拉哈里沙漠并不是真正意义上的沙漠，因为许多地区的
降雨量超过 250 毫米，沙丘上植被茂盛。卡拉哈里地区
的一条永久性河流——奥卡万戈河，直流入内陆三角洲，
那儿大片的沼泽地引来了无数的野生动物，游客们也纷
纷前来观赏。在卡拉哈里大羚羊国家公园，古老的河床
（"河床"一词在赫雷罗语中对应"omuramba"）在雨季
注满了水，狮子、野狗、豺狼、猫鼬、鸵鸟……动物们

的生活怡然自得。卡拉哈里沙漠和许多沙漠一样也曾是一片肥沃的土地，但是古老的马卡迪卡迪湖（占地8万平方千米，水深30米）早在1万年前就干涸了，现在只剩大片的盐田。煤炭和铜产业曾经是该地区的经济支柱，一直到1971年，博茨瓦纳北部奥拉帕的德比斯瓦纳钻石矿业公司（如今世界上最大的钻石生产商）开业，该地区的经济支柱产业成了钻石开采。

塔尔沙漠（又称"大印度沙漠"，"塔尔"源于乌尔都的"t'hul"或"dhool"，意为"沙子"）位于巴基斯坦西部和印度西北部之间，是世界上人口最多的沙漠。塔尔沙漠遍布沙丘和风蚀岩石，曾经流淌着加加尔河，这条河在公元前2000年便干涸了，现在只是断断续续地流动着。在古老的印度史诗《罗摩衍那》中，这个地区被称为"Lavanasagara"（意为"盐海"）。传说罗摩将带火的箭射入海洋后，海洋立刻就干涸了，最后变成了塔尔沙漠。有趣的是，在这片地区的盐湖中考古学家们发现了海洋化石，他们同样找到并复原了盐湖下古老生物生存的证据，证实了这些海洋化石来自远古时代。

英迪拉-甘地运河系统（又称"拉贾斯坦邦运河系统"）是塔尔沙漠主要的灌溉系统，将水从北方输送到650千米外的比卡内尔和杰伊瑟尔梅尔，为焦特布尔和比卡内尔提供电力。有了这个灌溉系统，这片贫瘠的沙漠成了肥沃的土地（人们将这称为"绿色革命"），出产小麦、芥菜和棉花。然而，灌溉系统也有破坏性的副作用。

作物所需的灌溉量过大，导致地下水位上升、盐度增加、地面下沉。尽管政府为了稳定沙丘实施了植树计划，但由于当地风速过高，沙砾被吹到了邻近肥沃的土地上，沙丘移动，堵塞了道路和铁轨。

北美的三个热沙漠相距很近，但它们的特征非常不同。最大的沙漠是奇瓦瓦沙漠，位于美国和墨西哥马德雷山脉的雨影区。该纬度地区本就气温较低，加之山脉高达 1500 米，该地区气候并不炎热。格兰德河流域和佩科斯河流域土地肥沃，动植物种类繁多，尤以鸟类居多。除此之外，长期的渗流形成了地下水，绿洲出现在这片地区，其中一些绿洲，如墨西哥的夸特罗谢内加斯盆地，生存着鱼类和水龟，吸引了许多游客前来浮潜。奇瓦瓦沙漠存在时间并没有很长，只有 8000 年的历史，奇瓦瓦

会"唱歌"的凯尔索沙丘，莫哈韦沙漠，2008 年

沙漠在过去的 150 年里也发生了巨变。随着技术变得更加先进，人们毫不费力便能获得地下水，养了越来越多的牲畜。但这些牲畜吃掉了曾经丰产的牧草，反复践踏草地，导致灌木入侵、沙漠化加剧。

索诺拉沙漠位于亚利桑那州、加利福尼亚州和墨西哥西南部，是北美沙漠中最热的沙漠。这片沙漠的独特之处在于加利福尼亚扇形棕榈绿洲，棕榈树生长在泉水周围，苍翠挺拔。绿洲是在圣安德烈亚斯断层带活动时形成的。不幸的是，该地区城市化和过度灌溉加剧了含水层耗竭，严重威胁了绿洲生态环境。

莫哈韦沙漠得名于美国原住民莫哈韦部落，这片沙漠位于内华达山脉的雨影地带，处于北部寒冷的大盆地沙漠和南部炎热的索诺拉沙漠之间。东部的科罗拉多河周边地区以其高耸的平顶山、高原和深谷而闻名，其中最著名的是科罗拉多峡谷。另一个非常著名的自然景观是高达 180 米的金黄色凯尔索沙丘。玫瑰石英和长石在山坡上相互摩擦时，可以听到沙丘发出的鸣声和隆隆声。莫哈韦沙漠是北美四个沙漠中最小的一个，却拥有世界上最大的太阳能阵列发电站。那儿的死亡谷也是热门景点，位于此地的火炉溪温度能够飙升至 56.7 ℃。

澳大利亚是世界上最干旱且有人类居住史的大陆，澳洲 79% 以上的地区是干旱地区，38% 是沙漠。干旱地区的降雨量变化非常大，在干旱了几十年之后可能会突然出现暴雨。洪水过后，大部分水很快就被蒸发掉或者流进了沙子里，部分水能够较长时间地保存在黏土层，水坑被重新注满，当地人便可以利用这些水。持续的暴雨灌满了长期干涸的河道，河流在陆地上缓缓流动，补给了含水层和地下河。

澳大利亚沙漠的艾尔湖十分著名，经常会出现海市蜃楼，这片湖低于海平面16米，被形象地称为"大陆的浴缸塞子"。几十年来，这片盐湖白得刺眼，盐池表面十分坚硬，举办赛车比赛都不是问题。当昆士兰州出现强烈的季风性降雨时，雨水顺着库伯河而下，注入艾尔湖，水位能够到4米。这种转变非常极端。大雨过后，花儿争相开放，湖里满是鱼和青蛙，鸟儿从四面八方飞来参加这场雨后盛宴，游客们闻声而至，纷纷前来观赏这一罕见而短暂的景象。

澳大利亚干旱地区除因为洪涝出名外，也因其多样的地貌、地质构造和壮丽的景观而闻名，比如，辛普森沙漠和塔纳米沙漠壮观的红色沙丘、古老的彼得曼山脉（这条山脉距今已有6亿年，曾比喜马拉雅山脉高，但因受到侵蚀，海拔正在逐渐下降）、麦克唐奈山脉（这条山脉在3.1亿年前高度超过了9千米）、马斯格雷夫岭、金伯利高原和哈默斯利山脉（它们山脉高耸入云，像古尸的肋骨一样突出）、国王峡谷附近和皮尔巴拉地区的条纹状的蜂窝岩群，还有大片的灌木丛、植被繁茂的河道、铺满卵石的开阔道路、长满稀有植物的绿洲，包括古老的苏铁植物也生长在那里。在纳拉伯平原的东北边

日落时的乌卢鲁，
2006 年

缘，可以看到大澳洲湾和内陆地区亮白色的海岸沙丘，距今已有 3500 万年，可能是世界上最古老的沙丘，标志着这片大陆曾经的海岸线。还可以看到土墩温泉，例如达尔豪西温泉，出水温度 43 ℃。盐湖和黏土层表面结有一层薄薄的盐晶，或是太阳晒干的泥土，泥土裂开变成巧克力色的斑块，在湖或黏土层的边缘翘起。最著名的是当地巨大的岛山——乌卢鲁（又称"艾尔斯岩"）和康纳山，从沙漠平原上拔地而起。在当地文化中，人们将这种丰富多样的地貌详细地记录了下来，对当地人来说，即使是最小的土丘和山坡也有复杂的历史和精神意义。

澳大利亚大陆年代久远，沙漠化土壤侵蚀严重，土地缺乏氮、磷和微量元素，变得十分贫瘠。澳洲沙漠地区一直以来气候多变，因此承载了漫长的进化史，其中包括古老植物和独特巨型动物的进化史，澳洲沙漠的人类居住史可以追溯到约 5 万年前，这儿的人类文明是世界上古老的文明之一，至今仍生生不息。

澳大利亚的六大热沙漠包括大维多利亚沙漠、大沙地、塔纳米沙漠、辛普森沙漠、吉布森沙漠和斯特尔特砾漠。1875 年，探险家厄内斯特·贾尔斯曾骑着骆驼穿越了维多利亚大沙漠，他感到无尽的荒凉，曾写道："这儿完全没人居住，也没有动物，看不到一只袋鼠、鸸鹋，或野狗，我们似乎深入了一个完全未知的地方，完全被上帝抛弃的地方。"

　　白垩纪时期，大沙地曾覆盖着大片的针叶林和棕榈林，蕨类植物和苔藓繁茂滋长。如今，澳大利亚西北部的这片沙漠都是平行的浪形沙丘，向西北偏西方向延伸开来。坎宁牧道长达 1850 千米，穿越大沙沙漠和邻近的小沙漠。1908 年至 1910 年间，马尔图族人被外来侵略者

辛普森沙漠，澳大利亚中部，2012 年

因禁，侵略者用铁链和手铐铐住他们，逼迫他们说出水源的位置，马尔图族人因为口渴难忍不得不暴露了水源的位置，侵略者们按照水源的位置沿路凿下了48口井。

辛普森沙漠面积非常大，整片沙漠都是深红色的石英砂，十分壮观。这片沙漠上的平行沙丘也是世界上最长的，长度可达200千米，间隔约500米，从西北向一直延伸至东南，和2万年前的主要风向正好一致。1845年，探险家查尔斯·斯特尔特成为第一个踏上这片土地的欧洲人，但他感到十分绝望，他写道："我登上其中一个沙丘脊，然后看到了无数个沙丘……向两边蜿蜒起伏……一阵恐惧袭来……这里像是通往地狱的入口。"然而，在辛普森沙漠下面其实藏着大自流盆地，是世界上最大的内陆排水系统之一。盆地的地下水十分丰富，透过天然泉眼和牧道沿路的钻井涌出地表。

吉布森沙漠位于南回归线上，探险家厄内斯特·贾尔斯为了纪念葬身于这片沙漠的同伴阿尔弗雷德·吉布森，用同伴的名字给这片沙漠命名。1874年，贾尔斯和吉布森来到了这片沙漠，在沙漠中迷了路，同伴骑着唯一的一匹马消失了。当时贾尔斯带着一小桶水，跋涉100千米，穿越了这片大沙漠。他注意到这里的地形十分多变，沙砾地上长着稀疏的草，一路上有沙丘、岩石山脊、沙地高地、咸水湖等地貌，路上还有鬣刺，尖刺刺伤过路的人和马。现在这个地区生存着大量的野骆驼，四处游荡。

半干旱沙漠

　　戈壁沙漠（源自蒙古语"govi"，意为"无水之地""半沙漠"）是寒冷的沙漠高原，横跨中国北部、西北部和蒙古国南部的部分地区，呈弧形延伸。尽管"戈壁"听起来像是一片大荒漠，但只有西南四分之一的地方是完全没有水的，其余地方都有稀疏的植被。在巴丹吉林沙漠（"巴丹吉林"意为"神秘的湖泊"）有高达 500 米的星状沙丘，是世界上最高的固定沙丘，但在戈壁沙漠，大部分地区覆盖着砾石或裸露的岩石，因为大风把沙子吹走了。戈壁沙漠的温度变化同样十分极端，夏天温度能够飙升到 50 ℃，到了冬天，温度会骤降到 -40 ℃，因为西伯

巴丹吉林星状沙丘沙漠

利亚大草原的强风刮过这片区域会带来夹杂着雪和冰的沙尘暴。戈壁沙漠每年都在向内陆的农田扩张，造成了荒漠化，政府为了稳定沙丘采取了大面积的植树计划。

　　曾经在蒙古的纳摩盖吐盆地发现了早期哺乳动物的化石、恐龙蛋和 10 万年前的石器。在蒙古南部也曾发现过兽脚亚目恐手龙属生物的前腿的化石，该生物可能是现存行动最快和最大的恐龙。2001 年，古生物学家挖掘出了 9000 万年前的墓地，里面埋葬着十多只幼年的类鸵鸟恐龙（似鸟龙种），它们显然是同时被困在泥里的，幼年恐龙群可能是与成年恐龙分开行动的。近年在蒙古的奥尤陶勒盖发现了大量的金和铜矿藏。矿产资源公司力拓集团称，到 2020 年，力拓在这片地区的采矿业务使该国的国内生产总值增长 1/3，这片区域的矿藏开采能够维持 50 年以上。

　　巴塔哥尼亚沙漠是美洲最大的沙漠，主要位于阿根廷，一直延伸到智利。这片沙漠位于安第斯山脉的雨影区，气候干旱，加上大西洋沿岸的福克兰寒流经过这片地区，这儿变得更加干燥了。在安第斯山脉地层上升之前，附近火山喷发，火山灰覆盖了该地区的森林，现在成为世界上最大的石化森林，位于沙漠的正中央。巴塔哥尼亚沙漠大部分地区是砾质平原，荒凉且干旱，但这片地区深深地吸引着达尔文，他在著作中写道：

　　"这里（巴塔哥尼亚的平原）几乎什么都没有，

没有生物栖息，没有水，没有树，没有山，他们只有几株矮小的植物。但为什么这些干旱的荒地深深地印刻在我的脑海里？……一定程度上，是因为在这里人的想象力可以自由驰骋，不受束缚。"

卡拉库姆沙漠（"卡拉库姆"来源于"土库曼语"中的"gara gum"，意为"黑沙漠"）覆盖了土库曼斯坦大约90%的面积，位于里海和咸海之间。该地区气候是典型的大陆性气候，温度变化范围在 –20 ℃到 34 ℃之间，降水量极少，十年才有一次降雨。3000万年前，这片沙漠原来是一片大海，之后南部山脉地层上升，海水慢慢减少，最后只剩下阿姆河，流经卡拉库姆。沙漠地区的强风了吹起高达90米的沙脊，形成了新月形沙丘。卡拉库姆运河是世界上最大的灌溉运河，全长达1375千米，横穿卡拉库姆沙漠。自1954年起，卡拉库姆运河灌溉系统极大地提高了土地的生产力，但同样也导致了土壤次生盐碱化，在地表形成了盐壳，需要新的排水系统排出耕地中的盐。

目前卡拉库姆沙漠地区十分干旱且人口稀少，平均每6.5平方千米仅一人。俄罗斯考古学家曾经在安诺地区和哲通地区发现了石器时代和青铜时代的考古证据。哲通地区也许是中亚西部最早的农垦区，因为在吉奥克修尔附近发现了公元前3000年运河存在的证据。

克孜勒库姆沙漠（"克孜勒库姆"来自乌兹别克语中

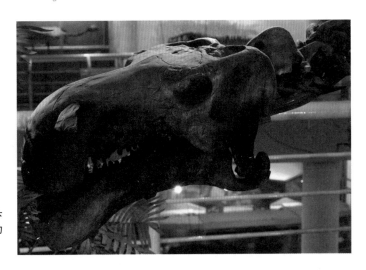

戈壁原巴克龙的头
骨，北京，中国古动
物博物馆

的"qizilqum"，意为是"红沙漠"）横跨哈萨克斯坦、乌
兹别克斯坦和土库曼斯坦的一部分地区，该地区是一片
高原，岩石地区上有着移动沙丘和稀疏的植被，这片地
区还包括阿姆河、锡尔河、内陆的咸海和零星分布的绿
洲。克孜勒库姆沙漠地区拥有丰富的金、铀、铜、铝、
银、天然气和石油资源。在乌兹别克斯坦曾经发现了白
垩纪晚期的各种化石，包括早期鸟类、鳄鱼、海龟和各
种恐龙物种，其中还有类鸵鸟恐龙（似鸟龙种）、有角的
恐龙和小型的早期哺乳动物。

　　塔克拉玛干沙漠（"塔克拉玛干"可能源于传入维吾
尔的阿拉伯文，意思是"抛弃"，抑或是"放弃"和"地
方"结合起来的意思）位于戈壁以西，坐落在中国西北
部的塔里木盆地。该沙漠是一个典型的寒冷的沙质沙漠，
三面环山，南面是昆仑山，西面是帕米尔高原，北面是

天山，往东北是吐鲁番盆地。吐鲁番盆地是世界第二低地，低于海平面 155 米。昆仑山山脉的河流流入沙漠约 60 千米，形成巨大的冲积扇，水流最后渗入沙漠中。世界上最大的新月形沙丘就在塔克拉玛干，沙丘之间相距 3 千米。强风将沙子堆积成高达 1000 米的金字塔状沙丘，吹起高达 4000 米的沙尘云，塔克拉玛干沙漠大部分时间笼罩在沙尘中。黑风暴不时出现，能够吞没整个车队。

卫星图显示的是一个由莫勒切河形成的冲积扇，它离开阿尔金山脉，进入塔克拉玛干沙漠南部，中国西北部。这张照片是在五月拍摄的，当时河流里满是雪和冰川雪融水，2002 年

2009 年，北美沙漠最冷的大盆地沙漠，大雪覆盖蛇谷和惠勒峰

塔克拉玛干沙漠地区和戈壁沙漠地区一样，到了冬天，西伯利亚冷空气也会吹到这个地区，气温下降到 -20 ℃，河流结冰，沙丘结霜。

丝绸之路连接中国与中亚和欧洲，往来的商旅为了避开危险的塔克拉玛干沙漠，会沿着北部或南部的绿洲小镇继续往前走。但考古发现表明，早在历史记载以前，塔克拉玛干沙漠路线就已经是双向通行了，是古代许多族群商贸往来和文明交往之路。

北美的大盆地沙漠位于内华达山脉的雨影区，海拔 1000 米，也是一个气候寒冷的内陆沙漠。与上面探讨的三个相互离得很近的热沙漠不同，大盆地沙漠地区冬天会下雪。

凉爽的沿海沙漠

阿塔卡马沙漠是世界上最干燥、最长、海拔最高的干旱带，位于安第斯山脉的雨影区，从秘鲁北部延伸至智利北部，沿南美洲地区的太平洋海岸绵延近3000千米，连接安第斯山脉地区干旱的普纳高原和阿尔蒂普拉诺高原，海拔直升1000米。阿塔卡马沙漠幅员辽阔、人迹罕至，但在这片沙漠风景十分多样且壮观，在这有着五座白雪皑皑的火山，包括奥霍斯德尔萨拉多山（海拔6887米），还能看到熔岩流、间歇泉、沙丘、盐沼、蓝绿色的湖泊，以及类似月球地貌的月亮谷和死亡谷，安第斯山脉壮丽的美景贯穿其中，映衬着各种景色。

阿塔卡马沙漠的年平均降雨量为1.3毫米，但自从西班牙殖民来到这片大陆后400年内，部分地区完全没有降雨，这些地区可能已经有2000万年没有下雨了。阿塔卡马沙漠无比干旱，这片地区上的尸体甚至不会腐烂，枯死的植物可能几千年来都没有分解。这片地区唯一的水分从浓雾中来，当太平洋的暖空气遇上了南极的洪堡或秘鲁冷流时，便会形成冷凝水。到了冬天，雾气升腾，到了山上，就会产生雨水，形成季节性植被，维持动物的生存。不时会出现雷暴，部分地区会下暴雨，这时长期休眠的种子就会发芽并开花，但开花时间也是极短的。

因为阿塔卡马沙漠干燥的环境和一些星球的环境相

近，天体生物学家们正在积极研究，试图寻找其他行星上存在生命的线索，并且研究出在环境干燥的星球生存的必要条件。除该地区外，安托法加斯塔南部地区的土壤与火星的土壤也十分相似。在2004年的电影《星际漫游》中，阿塔卡马沙漠是火星场景的拍摄地点。一直以来，人们都普遍认为阿塔卡曼沙漠的土壤中连微生物都不存在，但在2011年，科学家在高盐土壤下2米处发现了微生物群落的"绿洲"。地下没有氧气和阳光，这些原始的微生物（古生菌和细菌）仍在生长繁殖，只能从空气中吸收极少的水分，将水分凝结在盐晶体上。这表明火星上可能存在类似的微生物，或者说火星具备微生物培育的条件。

骆驼棘树（相思树种）
纳米布沙漠，2004 年

月亮谷，圣佩德罗，
智利，2004 年

　　纳米布沙漠（在纳马语中的意思是"广阔的地区"）
沿着纳米比亚海岸延伸 1600 千米，一直到安哥拉南部。
和世界另一端的阿塔卡马沙漠相比，纳米布沙漠受向北
流动的本格拉洋流和来自陆地的干热气流共同作用，十
分干旱。这片地区降雨稀少且难以预测，在纳米布中部
和北部，海洋雾吹入内陆 50 千米，成了地表水的主要来
源。纳米布南部的沙丘高达 300 米，绵延 320 千米，受
盛行风南风侵蚀，形成了非常壮观的锯齿状山脊，通常
呈新月形。

　　纳米布沙漠是世界上最古老的沙漠，至少有 5500 万
年的历史。自南极冰期以来，一些地区已经干旱了至少
8000 万年，或者从西冈瓦纳大陆分裂时间点算起，这些
地区可能已经干旱了 1.3 亿年至 1.45 亿年。纳米布沙漠
的主要经济来源是钻石开采，但现在海底钻石蕴藏量约

有 20 亿克拉，海底钻石开采量已经大大超过了陆地钻石开采量。铀矿开采也是该地区经济来源之一，埃龙戈地区的罗辛铀矿目前是世界上最大的露天铀矿之一，第六大黄饼（核反应燃料重铀酸铵或重铀酸钠的俗称）生产商。

极地沙漠

到目前为止，世界上最大的沙漠是南极洲。夏季时，南极洲的面积为 1400 万平方千米，到了冬季，海冰在海岸附近形成，其面积几乎是夏天时的两倍。南极洲同时也是世界上最干旱、风最大、最冷、环境最恶劣的沙漠。当寒冷稠密的空气团沿着海拔 2000 米的冰原下降，重力风十分强劲，速度每小时高达 327 千米，横扫整片大陆。探险家道格拉斯·莫森的书《暴风雪之乡》(1915) 记录了他在南极洲的经历。他写道，为了保持直立，人必须倾斜 45 度角逆风而行。南极洲之所以如此寒冷，部分原因来自厚达 4 千米的冰原，冰雪将 80% 的太阳光辐射反射回去，剩下的 20% 大部分被云层反射，加上这片大陆被南大洋隔离开来，不受其他天气系统影响，南极洲成了世界上最寒冷的地区。1983 年，俄罗斯东方站记录到了最低温度 –89.2 ℃。

南极洲大陆冰架下是陆地，1.8 亿年前，南极大陆是超级大陆冈瓦纳的一部分，与其他南方大陆相连，那

埃里伯斯火山主火山口的鸟瞰图，南极洲的活火山，2010 年

时的南极洲还不是沙漠，也没有现在这么冷。南极洲仍然有苔原和大面积的森林，能够提供煤和化石木，这片地区也可能有丰富的石油和天然气储备。恐龙和后来的有袋哺乳动物在南极半岛的生存地也完好地保存了下来。专家们曾经推算过南方山毛榉（假山毛榉属）植物残骸的年代，发现南极洲的现代环境可能只有 200 万—300 万年历史。

南极洲被横贯南极山脉分开，大陆上有几座休眠火山（著名的罗斯岛特罗尔山）和两个活火山。活火山之一是埃里伯斯火山，里面有一个永久熔岩湖，另一座活火山位于欺骗岛。过去 2500 万年里，南极洲常有火山喷发。近年来，科学家们绘制了南极洲周围的海域里 12 座火山的分布图，其中 7 座是活火山，有的已经上升到了海床以上 3000 米的高度。

南极洲没有暴风雪时，在这片冰天雪地能够看到色彩缤纷的美景。冰崖和冰川呈现出深蓝色，冰缝和洞穴呈现出绿松石色，冰山高耸，上边的冰块呈蓝色、绿色或条纹状，映衬在平静的海面。在南极洲能够看到壮观的南极光，但只有在纬度高于 –40° 的地方才能看到。极光最耀眼的时候，一束束光像探照灯、彩带或是闪闪发光的帘幕，绽放出绚丽的色彩，粉红色、红色、绿色、蓝色或橙色……整片天空都被点亮了。太阳活动强烈时，便会释放出带电粒子流，受到地球磁场的影响，带电粒子向磁极方向流动，当它们与高层大气中的气体摩擦时，

2002 年，南极洲横贯南极山脉，覆盖着弗里克塞尔湖的蓝色冰层。这些冰来自加拿大冰川和其他较小冰川的冰川融水

南极望远镜中的南极光

就会像霓虹灯管一样发出明亮鲜艳的彩光。

　　南极洲没有当地人，是第一个也是唯一一个真正意义上被人类发现的新大陆。现在每到夏季都有成千上万的游客前来参观，还有更多的人加入了研究基地，南极洲就像一个巨大的实验室，研究者们在南极洲的研究领域几乎涵盖了所有学科，其中包括微生物学、天文学、地质学、气象学、植物学、古生物学、生态学、海洋学。如今，南极洲变暖形势严峻，但其背后的原因尚有争议。2002 年，南极半岛的拉森 B 冰架崩塌；2008 年，威尔金斯冰架的一大部分脱离了南极半岛。南极半岛到南极洲西部的大部分地区都在明显变暖，在过去的 50 年里，冰的温度平均每十年增加 0.1 ℃。南极洲变暖的影响是灾难性的，冰雪覆盖了 98% 的大陆，拥有地球上 70% 的淡水资源，北极冰层大部分正在融化，如果整个冰层融化，海平面将上升 60—65 米，淹没岛屿和沿海地区，将会导致无数人丧失生命，难民数量增加，引发政治和经济问题，其后果是难以想象的。

　　这一章讲到的沙漠地理特征丰富而有趣，但我们都应该认识到当今人类面临的最紧迫的环境问题中许多与沙漠有关。也许大多数读者对恶劣环境下生存的生物和诞生于此的人类文明更加感兴趣，接下来的两章将会围绕这两个话题展开。

第二章　生物的适应性

　　　　生命的起点是如此简单，却最终演化成了无穷
　　　无尽的形态，它们是如此壮丽、如此美妙，生物的
　　　进化史正悄然上演着。

　　　　　　　　　　——查尔斯·达尔文《物种起源》(1859)

　　在沙漠坐越野车兜风是非常兴奋的事，最大的好处
是能够随心所欲进出沙漠。对于我们大多数人来说，在
沙漠这种极端的环境中永远生活看似无稽之谈，然而，
沙漠中数百种动植物已经进化出了一系列适应特征，使
它们能够在极端干旱、酷热或严寒中生存。接下来探讨
生物进化的智慧，我们首先会讲到植物是如何储水的，
接着讲到动物是如何适应极端的温度条件和极度干旱的。

植物

猴面包树，木材溪，
北领地，澳大利亚，
2007 年
　　沙漠植物是旱生植物（换言之，它们只需要很少的
水便能生存），当地面水分蒸发后，其盐分会逐渐增加，

因此大部分同时也是盐生植物（拥有耐盐性）。旱生植物之所以能够存活，是因为在进化过程中其叶片的数量减少，大小、形状和叶片方向发生了改变，使其能够高效率地使用、储存和吸收水分。旱生植物也能够在雨水到来前保持休眠状态，在下雨时在最短时间内完成生命周期。大雨过后，遍地开花，荒漠暂时变成了生机勃勃的自然花园。

仙人掌是出了名的节水植物，是北美沙漠特有的植物，并且遍地都是，在西部电影中是必不可少的元素。在干旱环境下，它们进化出了一系列的适应特征，只要降雨规律，植物就能生存。进化过程中，仙人掌的叶片变成了刺状，减少了蒸腾作用造成的水分损失，减弱植物周围的空气流通从而降低蒸腾作用，最大程度减少太

莫哈韦沙漠中盛开的仙人掌

亚利桑那州的巨柱
仙人掌，2005 年

阳辐射的吸收。仙人掌的刺和味苦的汁能够保护它们不被食草动物吃掉。它们的浅层根系向两侧伸展吸收地表水，在下雨前一直处于停止生长的状态，下雨后能够快速地长出临时的吸收根。仙人掌表面有一层厚厚的蜡质角质层，有的还带有毛，能够有效隔热，减少水分蒸发；角质层表面还有一层蓝白色的霜，进一步减少了蒸发。仙人掌的气孔可以与大气交换气体，相比其他植物的气

孔要更加紧密，在高温的时候减少了水分流失。仙人掌
的肋脊能够将水引导到根部（包括露水和雾气结成的冷
凝水）。其肋脊结构就像手风琴，当植物的水分枯竭时，
"褶"就会关闭，减小与阳光的接触面积；但当水分充足
时，肋脊会膨胀，将水储存在细胞液泡。脱水的仙人掌
会自然下垂，减少暴露在阳光下的面积，为植株的下部
遮阳。一些仙人掌具有宽而平的蜡质层，几乎不透水，
其蛋白质结构在较高的温度下仍然能保持稳定。

　　巨柱仙人掌植株高大呈柱状，是索诺拉沙漠特有的
仙人掌，同时也是所有仙人掌中体型最大、最不同寻常
的仙人掌。单颗能够长到12～18米高，植物体内水分充

生石花，原产于非洲
南部

足时重达 2100 千克。不过巨柱仙人掌长得非常缓慢，生长了 10 年的植株可能只有 10 到 15 厘米高，但它可以活到 200 岁，长出向上弯曲的侧枝。巨柱仙人掌生长着白色的花朵和红色的果实，在空旷的沙漠里非常显眼，把鸟儿引来传播种子。在这个生态区域中，其他仙人掌也成功地生存了下来，比如乔拉仙人掌、烛台掌、刺梨仙人掌和加州希蒙得木。

在澳大利亚的沙漠地区，干旱可能会持续 10 年，即使是仙人掌也难以存活，生存下来的仙人掌寥寥无几。和仙人掌一样能够高效储水的是澳洲猴面包树，它和马达加斯加等非洲的猴面包树有着亲缘关系。这些植物的寿命可达 1500 年，它们把水分储存在树干里，周长可达 20 米。在旱季，为了节约水分，澳洲猴面包树的叶子会自然掉落，在雨季来临前新叶便开始发芽。

在植物进化过程中，通过改变叶子形态，可以有多种节水方式。滨藜是澳大利亚干旱地带的主要灌木品种，窄小的肉质叶上长有厚毛，可以防止水分蒸发；叶子呈灰绿色或蓝绿色，能够有效反射阳光；加上根浅而宽，可以吸收大面积的水分。滨藜叶子表面会将盐分排出，从而平衡渗透压、留住水分，并且盐分能够反射阳光，让植物降温，如此滨藜才能耐受高盐。

生石花属植物生长在纳米布沙漠和卡拉哈里沙漠，它的形状十分有趣，看起来就像地上的一对圆形鹅卵石，这其实是它的伪装保护，能够避免被食草动物吃掉。这种植物几乎没有任何茎，主要的部分是一对球根状的叶子，大部分植物体埋在地下，能够节省水分，顶部呈半透明或全透明，能够让光线射入，进行光合作用。

鬣刺属是澳大利亚沙漠地区最典型的植物，在当地有 64 种三齿稃，都是澳大利亚特有的种类，它们生长在沙丘的斜坡上和沙丘间的路上。该植物的数量庞大，该地区植被一半是三齿稃，约占该地区生物量的 96%。三齿稃草属植物外形像一个圆顶，越长越大。外缘的嫩绿叶是平的，相对柔软，但随着植物生长，边缘会向内卷曲，形成坚硬的、尖的矛状叶。生长过程中，三齿稃中间逐渐成了一堆缠在一起的茎干和枯叶，宽达 1.2 米，高0.6 米，最后会崩散，只留下一圈新叶。三齿稃紧密堆积在一起，会在自身范围内形成微型气候，最大限度地减少温度波动，内部能够避免阳光直射，保持阴凉，并且

鬣刺属

日出时的约书亚树,
2008 年,美国加州
约书亚树国家公园

能够减少白天高温时的水分蒸发,到了寒冷的夜晚,又
能够起到保温的作用。叶子的表面呈银色,能够反射阳
光,减少水分流失。草丛是许多小动物的藏身之处,同
时也是多种昆虫的食物来源,而这些昆虫又是爬行动物、
哺乳动物和鸟类的食物,如此形成一个食物链。除此之

外，三齿稃草根能压实沙子，动物在挖洞时沙土就不会塌陷。

根生植物与浅根仙人掌和滨藜的不同之处在于其根系足够长，能够到达地下深处的水源。比如，三齿蒿的根深达 25 米，整个夏季都在吸水。约书亚树是莫哈韦沙漠特有的植物，其根系庞大，深入地底，长达 11 米。约书亚树只有在特定的季节得到充足的雨水后才会开出花朵、产生种子。在极度干旱的时期，它们的地下根茎会产生新的茎以维持生存。

索诺拉沙漠和奇瓦瓦沙漠的豆科灌木丛拥有世界上最长的主根系统，深达 58 米，植物不仅能够在降雨时吸收地表的水，而且还能够从深层的地下水中吸取水分。另一种根系很深的植物是刺枝瓜，生长在纳米布沙漠的沿海地区，靠近干旱的河床，它的根可以深入到沙漠深处寻找水源。化石研究表明，该物种的历史已有 4000 万年，是纳米布沙漠历史的一半。

澳大利亚分布最广的深根植物是澳大利亚围篱树（无脉相思树），覆盖了干旱地区的三分之一，约有 800 种。澳大利亚围篱树主根深达 3 米，苗期之后，大部分叶片会变为叶状柄，即有平行且扁平的叶柄，能够将水分流失降低到最低程度。马尾金合欢的枝叶会将水引向树干，再流到浓密的根系，在水渗入沙漠土壤前把水分完全吸收掉。一棵 5 米高的灌木可以从一场降雨量为 12 毫米的降雨中收集到 100 升的水，这一过程无疑是十分高效的。

百岁兰的适应特征非比寻常，这是一种非常独特的松柏科植物，它和开花植物一样需要甲虫和昆虫授粉，在纳米布沙漠东部如此贫瘠的环境下能够生存1000多年。其主根能够深入地下深处，储存水。大西洋不时会吹来雾气，也是百岁兰的水分来源之一，该植物叶片宽2米，能够长到近10米长，上面的气孔能够吸收凝结的雾。

南美洲西海岸阿塔卡马沙漠的植物经过进化后，也能够从沿海的雾气暂时形成的地区微型气候中获得水分。石面下的藻类、地衣、多种凤梨科植物（如铁兰、德式金花凤梨、玻利维亚粗茎凤梨）、带刺仙人掌等都能够吸收雾气的冷凝水。沙漠铁兰还可以通过叶片上的腺毛（绒毛）吸收空气中的水分。在其他的雾区中，高

百岁兰大约有1500年的历史，是纳米布沙漠独有的

山、陡峭的海岸斜坡和峡谷区域云雾缭绕，植物群落在雾气暂时形成的"绿洲"里完成了进化过程。冬季，短命的多年生植物和低矮的植被会生长一段时间，候鸟每年都会来到这片栖息地，比如秘鲁的北美歌雀、太平洋的蓝黑草雀和蜂鸟。

部分植物的种子在干旱情况下可以休眠好几年，甚

斯特尔特沙漠豌豆

至数十年，但大雨过后，它们在几小时内就能发芽开花。这种短命植物通常会开出鲜艳的花朵，快速吸引昆虫来授粉，毕竟整个繁殖周期必须在地面雨水干涸之前完成。在澳大利亚的沙漠地区，雨后的几天内，百花争放，开遍大地，可以见到艳红色的斯特尔特沙漠豌豆、亮粉色的滴蜡红娘花、亮黄色的金槌花、淡黄色的黏性决明和纸雏菊。艺术家和博物学家查尔斯·麦卡宾（1930—2010）初见雨后沙漠时写道："我们从未想过在沙漠中央竟有如此盛景，就像一座大花园。数十里花朵争相开放，沙丘顿时成了花海，惊艳无比，沙丘的斜坡上撒满了黄色、白色、粉色和金色的花朵。"因为植物的生命周期极短，所以它们必须用尽各种方法迅速传播种子。部分植物依靠动物携带传播种子，部分植物带有"小型的降落伞"，等风一来便能传播种子，其他植物多是豆荚变干后会爆开喷射出种子。

为应对一时的环境变化，一些种子天生能够对特定的降雨量、温度和光线做出反应，避免短暂下雨后植物会过早地发芽。一些澳大利亚沙漠植物的种子具有非常坚硬的外壳，需要刮擦或点燃后才能发芽。沙漠品红的种皮十分坚硬，只有在点燃后或者降雨后才能够发芽。其实，澳大利亚人也非常清楚，火源能够控制部分区域中处于生命周期特定阶段的植物生长，决定了该地区植物的多样性和丰富性。

动物

　　沙漠里的动物群非常多样且十分独特的，动物们通常躲得很隐蔽，不仔细观察很难找得到。动物们生存在恶劣的环境中，用尽各种方法生存下来，其中的许多方法与植物相类似。部分动物能够从摄取的食物中获得充足的水分，部分动物会排泄高浓度的尿液，以节省水分，其他动物会储存大量的脂肪，因为脂肪能够分解出水分，骆驼就属于这一类动物。白天热的时候动物们便躲在地下，减少蒸发带来的水分流失，到了黄昏或晚上再出来觅食。有些动物甚至会将繁殖时间推迟到合适的时候。接下来我们将着眼于沙漠动物们的生存策略，探讨它们的生存智慧。

　　阿塔卡马沙漠是仅次于南极洲的世界上第二干燥的沙漠，几乎没有动物存在，很多地方没有昆虫，连细菌也罕见。要知道，在其他沙漠（南极洲除外）地区，昆虫数量是非常多的。昆虫的适应特征极其多样，其中最引人注目的当属小小白蚁的建筑奇观。人们通常会认为澳大利亚北部地区的白蚁是白色的蚂蚁，但其实白蚁并不是蚂蚁，白蚁应该与蟑螂归为一类。白蚁的卵孵化对温度有严格的要求，温度需要控制在最佳温度 1 ℃以内，因此白蚁需要搭建一个不同寻常的巢穴，保证内部隧道网、拱门和育儿室的温度正常。白蚁的巢穴可以分为两种：第一种高出地面 4 米，是一座巨大的形似大教堂的土堆；另一种高达 2 米，是利用地球磁场建造的土层较薄的土堆。后者土堆走向从北到南，侧面较宽，如此，暴露在正午的阳光下的面积便减到了最小。早上，东部的土面能够被晒到，这之后一直到日落之前温度都能够保持平稳。土堆内部暖气腾升，在整个通道网中产生环流。在冬季，大量的白蚁，包括工蚁、幼虫和繁殖的若

澳大利亚北领地的教
堂式白蚁丘

虫，会在早上先移动到太阳照射后变暖的东侧，整个白
天都待在那儿。在非洲地区，一些白蚁还会在巢穴内培
植真菌，这同样需要严格控制土堆内的温度。

澳大利亚的马氏多刺蚁在巢穴洞口周围建起圆柱形
的土墙，或者用树枝围成栅栏，充当防洪堤，抵御突如
其来的洪水。通常，为了防止巢穴被侵蚀，蚂蚁们会用
澳大利亚围篱树的树叶覆盖整个巢穴。科罗拉多沙漠的
收获蚁会将小岩石块放在土堆周围，其中一些小岩石块
是鱼类牙齿的化石，包括鲨鱼的牙齿化石，这印证了这
座沙漠曾经是一片海洋。

甲虫只需要极少量的水便可生存，但在纳米布沙漠，
即使是一点点水也很难收集得到。纳米布甲虫生活在沿
海沙丘，经过进化后，它们表现出了惊人的适应性。大
西洋不时会吹来雾气，大雾以每小时 16 千米的速度扫过
沿海地区，而这种甲虫竟能从中迅速收集水分。雾气来
临时，甲虫迅速地爬上沙脊的顶端，迎着风展开翅膀，
伸直后腿，头低下 45°。雾气聚集在甲虫的翅膀上，凝
结成水滴，滚下甲虫的背部，最后到它的嘴里。纳米布
沙漠地区的雾气传播速度非常快，水汽无法黏附或凝结
在大部分物体上，但纳米布甲虫的背部却能够极其高效
地收集水汽。甲虫的壳具有亲水脊和蜡质的疏水沟，两
者相辅相成，便能将水输送到嘴里。阿塔卡马沙漠地区
的人们利用这一巧妙的设计制造出了更加高效的雾网，
另外，受该结构启发，人们也设计出了更高效的除湿器

纳米布甲虫，纳米比
亚埃普帕瀑布

和蒸馏设备，在全世界范围内广泛运用。

　　纳米布沙漠另一种昆虫鳞翅目甲虫同样也能从雾气
中获得水分，依靠雾气生存。它们生活在沿海沙丘地区，
每天早上它们都会在沙丘上堆起小小的沙脊，沙脊垂直
于风向，当雾气来临时，这些凸起能够拦截雾气，沿着
沙脊爬行，便能够吸收到凝结水。

　　蛛形纲动物包括蝎子、壁虱和蜘蛛，这些动物也同
样表现出了极强的适应性。澳大利亚沙漠中最大、最具攻
击性的蜘蛛中，有一种是澳大利亚捕鸟蛛，其直径至少有
12 厘米。一般这种蜘蛛会四处游荡觅食，在洞穴周围也
结起捕食网。沙漠中不时会有大雨，大水很可能会淹没蜘
蛛洞穴，对蜘蛛来说非常危险，因此许多蜘蛛会给洞穴建
门，像浴缸塞一样，能够防止大水灌入地下巢穴。

　　通常沙漠的甲壳动物繁殖能力不强，但有些动物却能在澳大利亚的沙漠中繁衍生息，因为它们能够耐受高盐度，比如小盾虾。大雨过后，在黏土层形成的水坑和湖泊里，盾虾以肉眼可见的速度快速生长着，坚硬的卵瞬间长到 1.5 厘米长的虾，但它们的寿命同样也十分短暂，因为水分会迅速蒸发，它们是用生命在与时间赛跑。到了第 12 天，雌虾长到 3 厘米长时，就已经形成了数百个小卵，雌虾会在最后一块潮湿的土地里产卵。当水变成黏稠的泥浆时，成年虾会慢慢死去，虾卵则会保持休眠状态，直到下一次降雨来临前休眠数年。

　　沙漠环境对两栖动物的生存来说也是巨大的挑战，因为在它们的生命周期中，至少有一部分时间是需要在水中度过的。索诺拉沙漠的虎纹钝口螈出没于常流池、溪流或泉水附近，它一生都能保持幼体状态，甚至在幼体状态下繁殖，很少会变态成陆上的成年蝾螈。科罗拉多河蟾蜍、掘足蟾、树蛙等动物后肢具有坚硬的铲状的棱嵴，能够在沙漠中挖出数米深的洞穴，并在洞穴里一次待上 9 到 10 个月。在洞穴里的时候，它们会分泌出一层半透膜，让皮肤变厚，以防止水分流失。除此之外，沙漠蟾蜍在洞里不排泄尿液，因此它们能够耐受高浓度的尿素。沙漠两栖动物面临的最大的挑战是在如此恶劣的条件下完成繁殖，夏季不时会出现局部雷暴，形成水洼，在水洼干涸前，它们要尽快完成繁殖。掘足蟾在进化过程中生长速度加快，从卵发育到小蟾只需不到两周的时间。在加州东南部，夏季降雨极其不规律，掘足蟾通常会在第一场暴风雨来临时出现在水池里，在一夜之间完成繁殖，大量捕食成群富含脂质的白蚁。

澳大利亚的沙漠里大约有 20 种善于储水的犁足蛙。它们头部宽大，四肢短小，脚下有能够挖土的生理结构，能够十分高效地挖洞。它们能够把身体压平，使腹部皮肤细胞之间产生负压，从潮湿的地面上吸干水分。在美国也有这种蛙，它们的身体周围都能够形成一层死皮，就像保鲜膜一样，能够保存水分。它们的洞穴非常深，只有当大雨来临时，犁足蛙才会被唤醒出来繁殖，迅速交配，大量进食，因此从卵发育到幼蛙再到成年蛙整个过程十分迅速。西澳大利亚的圆旱蟾在沙丘深处生存繁衍，它们不必依靠雨后水洼便能生存，当环境湿度下降时，交配的圆旱蟾会继续向下挖洞，到了晚上出来觅食。圆旱蟾十分独特，它们的生命周期中没有幼体阶段，成

眼斑巨蜥

棘蜥，澳大利亚西部

年的圆旱蟾在卵里十周后会直接孵化。

　　澳大利亚中部是世界上爬行动物种类最多的栖息地，平均每平方千米多达 40 种。从小石龙子到澳大利亚最大、世界上第二大的 2 米长的眼斑巨蜥，沙漠中蜥蜴的种类尤其多。蜥蜴是冷血动物，因此能够忍受各种温度。为了避免暴晒减少水分流失，有的蜥蜴会挖洞并躲在洞里，有的会爬上阴凉的地方，有的躲在岩石或草丘下。因为蜥蜴种群密集较大，还有的蜥蜴另寻空地。蜥蜴昼夜不停地觅食，不同种类的蜥蜴之所以能在一个地方共存，是因为它们会划分空间、活动的时间，捕食不同类型的猎物。石龙子便是其中之一，它们完美地适应了澳洲沙漠的鬣刺生态系统，对栖息地和狩猎时间的利用十分灵活多样。

　　澳大利亚的棘蜥外表十分恐怖，布满刺和瘤状物，但其实它们只吃黑色的小蚂蚁，每天要吞食 5000 只，除此以外对其他动物无害。它坚韧的表皮带有尖刺，极大限度地减少了蒸发，并且能够隔热，根据温度改变颜色。棘蜥还进化出了独特的取水方式，皮肤鳞片间有狭窄的沟槽，可以通过毛细管作用将水分从土壤输送到嘴角。此外，它的圆锥刺长 15 厘米，不仅可以震慑敌人，还可以使凝结水汽或露水的表面最大化，凝结水也会通过毛细血管一样窄的皮肤沟槽被吸入嘴中。

壁虎（如瘤尾守宫）能够从它们巨大的突出的眼睛表面获得水分，它们的眼睛没有眼睑，但透明的眼膜能够收集冷凝的露水，于是壁虎就会用它长长的舌头舔它的脸，把眼球表面的水带进嘴里。

沙漠地鼠龟也进化出了许多适应特征，它们能够在温度高达 60 ℃的沙漠环境中生存。它们粗壮的腿和发达的爪子能够非常高效地挖地洞，躲避白天的高温，它们只有在清晨或傍晚才出来觅食。它们也会冬眠，只在冬季暴风雨期间外出补充水分。下雨时，它们会在不透水的土壤中挖出浅浅的洞来收集雨水，但它们也可以很多年不喝水，春天进食的植物能够为它们提供一年所需的水分。沙漠地鼠龟的膀胱可以容纳 1.2 升水，是人类的两倍，在没有水的情况下能够存活一年。它们可以在沙漠这种极端的环境中生活 80 到 100 年，无疑是进化的赢家。

在沙漠这种缺水的环境下，最简单的生存方法可能就是离开这个地区，许多生活在沙漠地区的鸟类为了避

沙漠地鼠龟，在莫哈
韦沙漠拍摄

开恶劣的环境每年都会迁徙，在适合的季节再回来。许多鸟类只在大量降雨后并且食物充足时进行繁殖。在澳大利亚的沙漠里，天气过于干燥时，小小的虎皮鹦鹉会跋涉数百千米，甚至数万千米，离开那片地区。沙漠的鸟类为了躲避高温、减少蒸发，改变了它们的作息，它们在一天中最热的时候休息，在凉爽的清晨或傍晚飞到水边喝水。同时也改变了它们的繁殖行为，它们会尽量避免与其他鸟类的冲突，并且为了避免在复杂的求偶展示上耗费精力，它们会和配偶维持长久的关系。

　　在干旱时期，鹈鹕等澳大利亚水鸟会涌向盐湖、土墩温泉和常流泉。卡拉哈里沙漠地区的季节性湿地，如博茨瓦纳的马卡迪卡迪盐沼，是许多嗜盐物种的栖息地，每到雨季，成千上万的火烈鸟都会来到马卡迪卡迪盐沼。在阿塔卡马沙漠，成群的火烈鸟也生活在盐湖及其周围地区，以湖中生长的红藻为食。

沙漠中最著名的动物是单峰骆驼，它也是西方认为的沙漠中应该有的动物。沙漠骆驼非常顽强，它们在恶劣的环境中表现出极强的适应性，能够适应炎热干燥的

单峰驼

白天和寒冷的夜晚。它们的粪便小而干燥，尿液也是高度浓缩，极大地节省了身体内的水分。即使体温上升到45 ℃，它们也能存活下来，要知道，这个体温下绝大多数哺乳动物是无法生存的。因此，它们通过汗液挥发来降温，可以留住更多的水分。它们会因为失水而失去多达25%的体重，一旦有水它们又会迅速补充水分。一只严重脱水的骆驼可以在十分钟内喝掉150升水，相当于给一辆汽车加满汽油的速度。即使喝了盐水，它们也不会生病，它们会将脂肪储存在驼峰中，从而能够在没有食物的情况下长时间生存。骆驼的生理构造简直就是为沙漠而生。它们眼睛深深凹陷，能够避免阳光直射，睫毛长而厚，能够防止灰尘和飞扬的沙子进入眼睛；耳朵里也有浓密的毛，起到了同样的作用；它们的鼻孔非常狭窄，当它们呼气时，鼻子能够向下折叠留住水分，同时也可以抵御沙尘暴；它们身上的皮毛厚且粗糙，背上

耳廓狐

还长有绒毛，不仅能够抵御寒冷的沙漠夜晚，还能够抵御正午炎炎的烈日；它们坐着的时候，膝盖上厚厚的肉垫可以承受住它们的重量；脚趾之间有一层皮，可以防止它陷进沙子里，即使在运输重物时也能安然无恙。骆驼的这些适应性特征中部分在其他哺乳动物身上也有体现，但没有一种动物能够像骆驼一样集如此多的适应特征于一身。

另一种撒哈拉沙漠动物耳廓狐身长只有 20 厘米，是狐属中最小的，它在夜间出没，捕食啮齿动物、昆虫和鸟类，也会偷食其他动物的蛋，到了白天炎热时，便钻进地底。耳廓狐和骆驼一样可以长时间不喝水，排高浓度的尿液，以节省水分，脚底也是毛茸茸的，能够保护它的脚，免受沙子灼伤。它大耳朵有 15 厘米长，与身体不成比例，耳朵可以有效散热，还能在很远的地方听到猎物的声音。在北美沙漠中，长耳大野兔也进化出了有相同作用的长耳朵。黑尾长耳大野兔和羚羊兔的耳朵薄如纸片，它们的耳朵也是结构复杂的体温调节器，耳朵的血管扩张时，血管会靠近皮肤表面并反射表面毛发的阳光，达到散热的效果。这些夜间捕食者一般从植物中获取所需的水分。卡拉哈里沙漠的大羚羊也同样不需要汗液挥发降温，留住体内的水分，它的体温可以上升到45 ℃，鼻子中有血液冷却循环网络，能够给大脑降温。

在炎热的沙漠中，动物们为了减少水分流失，一般不会在白天高温时出行。西北非猎豹几乎只在夜间出没，

它们主要生活在撒哈拉沙漠地区，如今成了濒危物种。
澳大利亚的许多沙漠动物白天会躲在地下或灌木丛中，
到黄昏时分才出来觅食。在黄昏时分出来捕食的动物还
包括兔耳袋狸以及多种袋鼬，如蓬尾袋鼬、狭足袋鼬、
北澳窜鼠、红大袋鼠和蓬毛兔袋鼠。

　　上一段讲到的许多动物同样进化出了多种节水方法。
袋鼬类动物是澳大利亚的有袋食肉动物，包括狭足袋鼬、
东澳袋鼬和蓬尾袋鼬，它们几乎不需要喝水，因为它们
吃的食物能够补给约 60% 的水分，还有蜘蛛（它们最爱
吃的蜘蛛是多汁的澳大利亚捕鸟蛛）、蚱蜢和小型脊椎
动物。白天高温时，便会躲在鬣刺丛中，避免太热产生

纳米比亚，埃托沙，
丘多普水坑的大羚羊
和珠鸡

长耳大野兔

热应激，到了夜间便出来捕猎。食物充足的时候，袋鼬类动物会将脂肪储存在尾巴周围，需要的时候重新吸收。因为昆虫一年到头都很多，食物充足，所以袋鼬类动物能够进行季节性繁殖，不受干旱影响。

红大袋鼠是现存最大的有袋类动物，对干旱的适应能力极强。袋鼠非常灵活，一跳就能跳 5 米远，双腿跳跃比四肢跳跃跳得更快，其后腿的跟腱像弹簧一样，每次跳跃时力量都能够得到循环。四足动物跑得更快，需要消耗更多的能量，而袋鼠只需要保持相同的跳跃频率，同时还延长步幅。除此之外，袋鼠跳跃时，它的隔膜不需要牵动任何肌肉就能上下移动，自动为肺部排空并补充空气。袋鼠的生殖系统也同样是为了适应沙漠环境而生的，非常节水。长期干旱时，雄性会暂时失去生育能力，雌性的生殖系统也会关闭。但是等到水源充足时，袋鼠就成了极其高效的繁殖"机器"。雌袋鼠一次能繁育出三个后代，并且是错开时间出生，一只小袋鼠从育儿袋里蹦出来时，另一只小袋鼠还在育儿袋里含着乳头，还有一个小小的胚胎在腹中。雌性在分娩后几天内马上进行交配，新胚胎长到约25毫米时就会停止生长，并且在它的同胞离开育儿袋前处于一种"假死状态"。胚胎的滞育机制能够在干旱时期限制袋鼠的繁殖数量，在食物充足时又能迅速增加数量。

在冷沙漠中，干旱并不是最大问题，除风力蒸发外，干旱并不会因为蒸发而加剧。但即便如此，中亚的三个沙漠环境依旧恶劣，生物也相应进化出了极其多样的适应性特征。

克孜勒库姆沙漠的动物群稀少，除偶尔能在沙漠北部见到冬季迁徙的高鼻羚羊外，很难见到其他动物。塔克拉玛干地区的动物相对没有这么少，尤以沙漠外围地区的动物居多。水源充足、植被茂盛的河谷和三角洲地区如今生活着瞪羚、野猪、狼和狐狸。这片地区也有珍稀动物，包括生活在塔里木河流域的西伯利亚鹿，还包括19世纪末在塔克拉玛干大部分地区生活的野生骆驼，这些骆驼现在只在东部地区出没。相比之下，戈壁沙漠的动物数量多得惊人，包括双峰驼、野驴、黑尾瞪羚等。冬天来的时候，雪豹、棕熊和狼偶尔也会从北方过来。

对比生物在炎热沙漠干燥环境下的适应特征和在南极洲的严寒条件下的适应特征，我们能够发现非常有趣的现象。南极洲最著名、最受欢迎的动物当然是企鹅，企鹅在动画片《快乐的大脚》（2006）和长篇纪录片《帝企鹅日记》（2005）都是明星主演。冰漠中企鹅保暖的方法可以媲美热沙中骆驼降温的方法。有趣的是，人们现在普遍认为企鹅在很久以前，早在气候还没这么冷的时候就已经进化出了最重要的生存技能——保持体温。企鹅体内的血管网络和神经丛能够将脚蹼和腿受冷的血液输送回身体，同时又将温暖的血液从躯干输送回四肢。血液对流产生的热量交换让较冷的血液变暖，从而维持了躯干的热量。帝企鹅的鼻腔也有特殊结构，能够将呼吸损失的 80% 的热量再吸收，体内的静脉和动脉排列紧密，能够循环热量。

企鹅的体温变化范围很小，从 37.8 ℃到 38.9 ℃，因此要想在 –2.2 ℃的水中仍然保持着体温正常，就需要防风、防水的保温层。企鹅的肌肉能够使羽毛直立，在皮肤周围形成一层温暖的空气层。潜水的时候，羽毛则是平整的，防止水渗入绒毛层，浸湿皮肤。整羽可以保持羽毛的油性和防水性，加强保温效果。企鹅背部表面的黑色羽毛也能够吸收太阳的热量，提高体温。厚厚的脂肪层也可以防止体温散失，在水中短时间内保持住体温，但单凭脂肪层，企鹅可能很难长时间待在海里，因此企鹅必须在水中保持活跃，产生足够的体温。为了在陆地上保持身体热量，企鹅会将它们的鳍状肢贴紧身体，肌肉战栗产生更多的热量。王企鹅和帝企鹅一般会跷起脚尖，把身体的重心放在脚跟和尾巴上，尽量减少与冰面的接触面积。

　　帝企鹅必须要在地球上最寒冷的环境中（气温 –40 ℃、风速每小时 144 千米）繁殖，在 –2.2 ℃的水中游泳，因此企鹅还需要其他适应特征辅助，进一步稳定体温。比如，在繁殖前，帝企鹅会积累一层厚达 3 厘米的皮下脂肪，虽然这一定程度上妨碍了它在陆地上的行动活动。它短羽毛坚硬且呈矛状，密集地覆盖在整个皮肤表面，每平方厘米大约有 15 根羽毛，是所有鸟类中羽毛密度最高的。羽毛和皮肤间还有一层保温层，是由羽毛和皮肤间的绒毛形成的，就像保暖背心一样，可以吸附空气。帝企鹅能够将表面体温调节到 10 ℃到 20 ℃之间，并且不会改变其新陈代谢，但当表面体温掉到 10 ℃以下时，它的新陈代谢率则必须要大大提高。促进新陈代谢有四种方法，游泳、走路或颤抖是其中的三种方法，第四种是通过增加胰高血糖素来提高血糖水平。

　　除提高体温外，企鹅也需要降低体温，因为在陆地上，过热也是一个问题。喘气或者抖动羽毛，打破皮肤附近的空气保温层，都能够散发热量。如果企鹅体温过高，它会将鳍状肢展开，让身体两面都暴露在空气中散热。企鹅的循环系统也能够调节体温，它们行走或游泳后都不会流汗，为了散热，阿德利企鹅脚上的血管会扩张，扩张后看起来是粉色的，能够将体内的热量带到表面散发出去。

　　在帝企鹅种群中，雄性帝企鹅负责孵蛋，孵化需要

南极洲雪山岛上，两只成年帝企鹅和一只幼年帝企鹅在一起

近 3 个月的时间，雄企鹅会将蛋放在身体下面，在极寒的环境下也能使蛋保持温暖。孵蛋期间，雄性帝企鹅什么也不吃，靠积累的脂肪维持生命。在南极的严冬，正在孵蛋的帝企鹅多达 6000 只，它们会挤在一起取暖，形成"海龟队形"，每只帝企鹅轮流移动到中心最温暖的地方，温度达 24 ℃。如此一来，热损失降低了 50%。等到蛋孵化的时候，企鹅爸爸已经失去几乎一半的体重了。当企鹅妈妈从海里回来喂养幼鹅时，雄性帝企鹅便踏上了漫长的旅途，寻找食物补充体力。

下一章我们将会讲到人类进化出了极强的适应特征，能够忍受世界上所有沙漠的极端生活条件。

第三章　沙漠文化的前世与今生

　　阿拉伯人不会像我们一样把沙漠称作荒野，为什么呢？因为对他们来说，这里既不是沙漠，也不是荒野，而是他们所熟悉的土地，是他们的家园。在这里，即使是最微不足道的产物都能够让他们满足。曾经他们用不朽的诗篇写下了对广袤土地的赞美和对大自然暴风雨的敬畏，也许到今天他们也仍未忘记这份欢欣与敬畏。

　　　　　　　　——格特鲁德·贝尔《沙漠与耕地》(1907)

　　在一些人的想象中，沙漠环境极端恶劣，是危险的地方。在这"荒野"中长途跋涉，是对人身体和精神的折磨，是巨大的挑战。然而考古证据表明，从6万年前开始，沙漠变得越来越干旱，但人类仍活跃于沙漠，选择了留在那儿生活。直到20世纪，几乎所有沙漠民族仍过着游牧生活，依赖着季节性食物生存，到城镇和港口用沙漠的产物换来生活的必需品。如今，这种传统的生活方式正遭受打击，人们的生活方式等都受到了影响。

在西方人看来，贝都因人一直以来都是浪漫和魅力的象征。但贝都因人到底是谁？过去和现在的他们又有什么不同？数千年来，阿拉伯半岛上的贝都因人一直处于交战状态，他们每年都会带着成群的骆驼、绵羊和山羊迁徙，在恶劣的环境中生存下来。因为迁徙，贝都因人逐渐从阿拉伯湾扩散到大西洋。骆驼能够在没有水的情况下跋涉 10 天（相比之下，绵羊只能维持 4 天，牛只能生存 2 天），对于贝都因人来说是最珍贵的财产，它们是奶和肉的来源，毛发能够做成帐篷布和衣服，粪便可以用作燃料，被当作运输和打水的工具。骆驼在贝都因人部落突袭和快速撤退时也能派上用场。几个世纪以来，贝都因人掌控着沙漠的贸易路线，收取过路费护送本部落的商队。

游牧人对家庭、氏族和部落表现出高度的忠诚。部落首领、酋长由长老选举，负责保护整个部落，要求做到以德服人。部落制定了一系列严格的行为准则，强调了部落忠诚、绝对服从、集体荣誉、慷慨好客等价值观。20 世纪早期的英国旅行家格特鲁德·贝尔把部落突袭称为"沙漠唯一的产业和部落民族唯一的娱乐方式"。突袭是部落原始积累的方式，保持了部落之间微妙的权力平衡。为了避免冲突，商队和当地部落等不得不交纳过路费和保护费。部落突袭很少涉及流血事件，突袭要想成功，必须出其不意，速度够快而且要足够机智。

贝都因人十分注重集体荣誉，他们的荣誉准则规定了对于任何人都要慷慨款待，所以任何陌生人甚至是敌

叙利亚的贝都因牧羊
人赶着羊群穿过废墟
前往巴尔米拉市场时
拍下了这张照片

1913 年，贝都因妇
女戴着"鹰"外形的
面罩在纺纱和编织，
阿曼王国

2005 年，贝都因人的家庭帐篷里，瓦希伯沙漠，阿曼王国

人都可以得到三天的食宿和庇护。就算是宰掉家里的最后一头羊，或是向邻居借钱，贝都因人也会为客人精心准备一顿大餐。

　　传统的贝都因人住在又长又矮的黑色帐篷里，帐篷由山羊毛和骆驼毛制成，中间有一排高高的柱子支撑着，这些柱子的数量代表着这个家族的财富和地位。帐篷十分适合用来在沙漠生活，一个小时内就能打包完毕，下雨时羊毛和毛织物会膨胀，保证了帐篷的防水性。晚上温度低时，帐篷能够挡风保暖；中午温度高时，两边和后面都可以卷起，让微风吹进来。帐篷的前部是男人的领地，用于接待客人，和后部的妇女居室用帘子隔开，一家人的起居都在那儿。到了今天，比较富裕的贝都因人可能会在他们的帐篷里装发电机，用于照明和供电，配备电视机和其他现代电器，帐篷外骆驼和羊群旁边停放着一辆拖拉机和小货车。

在绿洲生活相对游牧生活来说更加便利。从公元前 5 世纪起，人们开始在绿洲定居，种植枣和谷物，那儿成了小型贸易中心，商队从阿拉伯南部和非洲向新月沃地运送香料、象牙和黄金。沙漠游牧民、城镇居民和农民之间社会等级分明，但这并不一定代表了他们的相对财富。

如今，游牧民族的大面积领土已经不复存在。18 世纪的奥斯曼土地法废除了土地集体所有制。近年来，人口扩张、城市化、工业化、石油工业急剧发展以及军事基地扩张严重侵占了传统牧场的土地。20 世纪 50 年代，沙特阿拉伯和叙利亚将贝都因人的牧场收归国有，约旦严格限制了放羊，以色列为了加强对被贝都因人的控制，缩减了内盖夫地区贝都因人的可用土地，贝都因人因此被迫进入村庄和城镇生活。如今，贝都因人占阿拉伯总人口的不到 10%，而真正的游牧民族只占不到 1%。贝都因人传统的游牧文化一直以来都被当作最纯粹的阿拉伯—伊斯兰文化。政府为了提高旅游业收入，要求贝都因人回归到传统的生活方式。阿拉伯国家的政府大力推广贝都因主题公园，在公园内部摆设黑色的帐篷和传统的家具，帐篷附近还必须拴有骆驼，贝都因人为了迎合游客，打扮成他们想象中的样子。阿拉伯贝都因人的节日庆典和婚礼非常受欢迎，但当地人可能会认为被游客观赏并不是一件体面的事情。

德鲁兹人起源于 11 世纪的一个教派，主要分布在叙利亚、黎巴嫩、以色列和约旦，他们信仰的宗教包括犹太教、基督教、伊斯兰教等。德鲁兹人严守诚实、忠孝的原则，但又好斗、多疑。格特鲁德·贝尔将他们与贝都因人进行了对比，如果说贝都因人把部落突袭当作游戏，那么在格特鲁德写来："对德鲁兹人来说，部落突袭则是一场战争，德鲁兹人无视游戏规则，肆意杀戮，不放过任何人……"

柏柏尔人（源于拉丁语"barbarinus"，意为"野蛮人"）现人口约 300 万，是尼罗河谷以西的北非原住民。他们把自己称为"Amazigh"，意思是"自由的人"。起初，他们是地中海沿岸的海盗，后来受一波又一波的入侵者和殖民者侵扰，特别是 7 世纪被驱赶到了撒哈拉沙漠和阿特拉斯山脉地区。如今不同种族混居在一起，主要靠塔马塞特语来区分柏柏尔人。

柏柏尔人和贝都因人一样都是传统的游牧民族，他们的骆驼商队把货物从西非和廷巴克图运到地中海。大多数人从事农业，或住在摩洛哥、阿尔及利亚、突尼斯、利比亚、尼日尔和马里这些城市从事手工艺，制作铁器、陶器、刺绣、挂毯或者基里姆地毯。

摩洛哥东南部塔尔辛特附近油田的开采也威胁着柏柏尔人文化的生存。对柏柏尔人来说，石油公司就像征服军，对原土地所有者甚至没有任何补偿。柏柏尔人如今无处可去，领土被剥夺，依赖于此的本土文化也已不复存在。但即便柏柏尔人被迫从社会政治舞台上消失，当局仍然在利用他们为旅游业盈利。以往秋天，柏柏尔人都会来到阿特拉斯山脉伊米勒希勒的农村市场为即将到来的冬天购置生活用品，这时年轻人就会在那儿相遇，找到另一半。到今天，一年一度的"柏柏尔婚庆和集市"成了当地的旅游盛事，对登记和举行集体婚礼的人收取高额费用。

图阿雷格人也过着游牧生活，主要生活在尼日尔、马里、阿尔及利亚和利比亚，语言和柏柏尔语同源。他们的名字来自传说中失落的塔尔加绿洲，他们有一套古老的文字系统蒂菲纳格文字，但不常用。他们被认为是柏柏尔人的一支，也一同参与了撒哈拉沙漠商队的暴利贸易，将黄金、盐、象牙、香料、枣子和奴隶卖给北方的商人。到了 20 世纪，火车和卡车成为主要的交通方式，许多图阿雷格人现在住在城市里，开着卡车。但仍

1974 年一对图阿雷格夫妇与山羊，马里。图中男人戴着靛蓝色长面纱，女人则揭开面纱

布须曼人的饮用水来自他们称为"牛奶根"的一种植物，2008 年

有些人会领着骆驼商队跋涉 600 千米，历时 3 周，把成条的盐从马里的陶代尼盐矿或尼日尔的比尔马运到廷巴克图。商队旅行也成了旅游景观，游客们乘着卡车，跟着不停拍照，却从不给照片里的出镜人支付报酬。图阿雷格人最出名的是他们的面纱，被称为"Tagelmust"，是

一种只有男性才戴的靛蓝色长面纱（图阿雷格人因此得名"撒哈拉蓝人"）。面纱紧紧地缠绕在头上，覆盖整张脸只露出眼睛，这样既能够防风防沙，又能让"他们的敌人难以得知他们想要保持和平还是发动战争"。

图阿雷格社会与其他文化不同，妇女在社会居于主导地位，她们无须戴面纱。一个人的社会地位和政治权力取决于其母系血统，妇女主导经济大权，掌管家里的房子和牲畜。

自北非从法国独立以来，图阿雷格人一直被其他种族联盟边缘化。20世纪70年代和80年代，成千上万的图阿雷格人死于严重旱灾。排斥计划让他们无法获得粮食救济和医疗用品，医疗发展严重受阻，图阿雷格人生活难以为继，为了躲避激进派系之间的冲突，他们逃入艾尔山区，分散各地。然而更大的灾难还在等着他们，艾尔山脉附近的阿尔利特露天铀矿开采造成了放射性污染和含水层枯竭。图阿雷格人称，20年内这片土地将因此无法居住。

库族人（！Kung，"！"是库族语言特有的搭嘴音）生活在纳米比亚、博茨瓦纳和安哥拉的卡拉哈里沙漠。他们是布须曼人，也被称为桑人、巴萨尔瓦人、卡哈维人。他们是南非的传统居民，语言属于科伊桑语系，非洲人口最多的族群是班图人。库族人的身材比班图人要小，皮肤更白，头发更卷曲，和亚洲人一样有内眦赘皮，眼皮的皮肤从鼻子一直延伸到眉毛内侧。如今人们普遍认为，25000年前非洲南部和东部的人与库族人血缘关系很近，他们独特的遗传标记表明他们是世界上最早出现的族群之一。

由加米·尤易斯执导的《上帝也疯狂》（1980）在问世当年大受欢迎，让库族人一举成名。电影中，他们被描述成了怡然自得的伊甸园的狩猎采集者，以小家庭为单位生活，虽衣食困乏，但也安分知足，在一片被遗忘的土地上过着简单的生活。这一形象主要来自劳伦斯·范德波斯特的著作《卡拉哈里沙漠失落的世界》（1958）（该书因其欧洲中心论观点过于主观受到批判）、20世纪60年代理查德·李和欧文·德沃尔的实地考察以及20世纪70年代洛娜和约翰·马歇尔的实地考察。根据以上研究者的说法，库族人遵循着旧石器时代的生活方式，围绕族群的公共生活区搭建了半持久的茅草棚。等到水资源耗尽时，他们可以很快地转移到另一个地方，毕竟他们需要运送的财产也不多。人们用毒箭和长矛打猎。库族人推崇谦卑待人，反对自高自大，猎人会分享自己的猎物，甚至会为招待不周而道歉。妇女们采集得来的食物是人们食物的主要来源，她们主要采集水果和坚果，尤其是营养丰富的蒙刚果树上的坚果。她们还会收集鸵鸟蛋壳作盛水容器。在这儿资源充足，人们各得其所，因此人类学家马歇尔·萨林斯和理查德·李认为库族人的生活才是真正意义上的富足，他们每周只需要劳动20个小时，即可满足他们所有的需要，剩下的时间里他们休闲享乐，自由自在地玩耍、唱歌、讲故事。但好景不长，这种世外桃源般的生活现在已经大打折扣。

当地人的生产力度一直高于 20 世纪 60 年代理查德·李给出的数据，加之人们食物难以储存，每到特定的季节，人们便面临着严重的食物匮乏危机。

过去，库族人认为存在一个灵性世界，不断地影响着人们的命运，决定了人的健康、疾病、死亡和食物来源。他们相信在自我催眠的状态下，人们的病情能够通过医师跳的一种舞得到改善。人们一直以来都认为旧石器时代的文化在近代时受到了班图人入侵，被完全取代了，但到了 20 世纪 80 年代和 90 年代，人们称，大约在 2000 年前，班图人迁移到了库族人的领地，引入了放牧耕作的生活方式，让当地人实现了从游牧到定居的转变。接触到外来思想的库族人就会换一种生活方式，从事放牧、耕种，或者成为佣人，用劳动换取衣服和庇护。实际上，考古学家认为，在班图人迁徙前，一些库族人除基本的打猎外，已经开始了放牧。

钻孔技术发展到今天已经相当成熟，干旱的土地也能够用来放牧，放牧最终取代了采集和狩猎。人们围起了栅栏，让牛避免接触到采采蝇，却因此打乱了野生动物的迁徙路线。库族人没有部落首领，很难把人们组织起来，加上当地人没有土地私有制的概念，当人们利益受到侵害时，也只能束手无策。如今，农民利用当地人狩猎和追踪猎物的方法来追踪偷猎者，他们的本领也被军队用来追踪游击队、划定矿区，这其实对整个部落的生存构成了极大的威胁。政府实施的补偿政策也仅仅是

强制让库族人迁移到有学校和现代化设施的地区。丹尼尔·瑞森费德的纪录片《Nyae Nyae 之旅》(*Journey to Nyae Nyae*)(2006),记录了布须曼演员历苏(N! Xau)生命的最后几周(历苏是电影《上帝也疯狂》主角的扮演者)。这部纪录片和约翰·马歇尔的电影《N! al:一个布须曼女人的故事》(1980)为我们展现了当代库族人的艰苦生活。政府劝说库族人放弃传统的生活方式,移居到崔奎地区以换取政府的救济金。许多库族人如今生活在拥挤的居住环境,被迫失业,面临着严重的健康问题,当中不少人走上了酗酒、家庭暴力这条路。

　　大多数人坐飞机第一次从上空俯瞰澳大利亚沙漠,

纳米比亚的布须曼人家庭

澳大利亚北部领土的尤拉拉,舞者在聚会上表演

看到的只是一大片毫不起眼的地方。然而，这片土地是
世界上最古老文明的家园，澳大利亚原住民文化已有 5
万多年的历史。迄今为止发现的最早的人类遗骸属于蒙
哥人，约有四万年历史。但澳大利亚人第一次踏足这片
土地的时间仍众说纷纭，估计可以追溯到 125000 年前。
更新世冰河期，水位比现在低几百米，陆桥露出，人们
认为当时土著澳洲人乘着浅底船，经由印度尼西亚和新
几内亚，来到了印度马来亚大陆。第一次向南迁徙时，
他们去的地方生存环境可能相对比较有利，这片地区的
许多水源和主要粮食品种在大约 18000 年前末次盛冰期
时消失了，如今这里成了一片沙漠。

　　澳大利亚人的祖先过着自给自足的生活。男人们猎
杀大型动物，包括大鸨、袋鼠、鸸鹋和现已灭绝的巨型
动物，女人们则采集种子、坚果、水果、蜜蚁等至少 92
种植物和小型穴居动物。他们的食物中 70% 到 80% 是
蔬菜，其他还有巨蜥、幼虫、小型哺乳动物，现在的原
住民还会捕食野猫。三齿稃无处不在，用途也十分多样。
草丛中藏有小动物可供人们食用；草叶可以用于生火，
而叶子燃烧过程十分缓慢，能够产生一种像胶水一样的
树脂，用它将矛尖固定在杆上。澳大利亚围篱林能够提
供食物，也是人们的庇护所，其树干还能被用作柴火、
武器或挖掘棒。

　　要想在沙漠中生存，地下水也十分重要。地下水贮
存在天然井（当地人称为"mikiri"），也就是地下岩层或

黏土层上的浅层蓄水层。人们将长而细的管道延伸至地下，尽量减少蒸发和水质腐败，人们会定期清洗和维护，以防止管道淤积。祖先用民谣和舞蹈描述了这些天然井的位置，提醒部落人们要保护好水源。自 1788 年英国殖民者来到这片土地，领土冲突频繁出现，迫使当地人放弃了他们的土地和水源。他们失去了土地，无法打猎。为了获取食物，他们用矛刺杀别人土地上的畜羊，要是被当地人抓到就会被枪杀，通常一整个家族就因此被灭门。19 世纪 80 年代开始出现了自流井，人和牲畜扩散迁移到干旱地区，这从根本上改变了原住民的社会。因为政府会给穷人分发茶叶、糖、面粉和烟草这些救济品，原住民渐渐地到教区和村庄里居住。不久后他们被吸引到牧区工作，收入也仅能勉强维持生活，直到 20 世纪 60 年代的工资改革，收入才有所好转。这种用劳动换取吃穿的生活方式取代了原始的狩猎采集。

对于当地人来说，灵性和物质需求同等重要。"灵性"这一说法源于梦创时代人、动物和土地——他们的国家之间的共生关系（这些联系将在第五章说明）。"祖国"这个概念对于人们来说非常强大，即使是在城市中长大、从未回到祖国的后代，也将他们的土地和祖国作为他们的精神归宿。尽管他们在西方社会处境十分困难，他们也无法放弃城市里源源不断的水供应，健全的医疗设施和商店里现成的食物等资源优势。

16 世纪，西班牙人第一次在智利海岸发现渔民，他

们是阿塔卡马人的后裔。阿塔卡马人是阿塔卡马沙漠的
原住民，大约在 1.1 万年前，他们首次移民到南美洲。贝
冢研究表明他们主要以丰富的海洋资源为食，捕捉鱼类
（可能是用渔网捕捉）、软体动物、海鸟、海龟以及海狮
等海洋哺乳动物，可能是他们在岩石海岸上用渔叉捕获
的。他们的工具设计得十分精巧，用动物的刺或者壳做
成鱼钩，把骨头作为助沉物或做成渔叉的尖头，拾拣石
头作为小刀、菜刀和刮刀，用天然材料制作出了捕鱼网、
纤维绳索和芦席。

　　他们的食物来源还包括沙漠腹地的季节性食
物，当太平洋的雾气飘来时，这片地区会形成"洛马
（Lomas）"，即植被群落，吸引鸟类、啮齿动物、狐狸和
骆驼等来到这里，人们就能够进行捕猎。到今天，这片

用来收集雾的垂直网

地区的淡水资源仍然十分稀缺，淡水资源仅包括北部沿海河谷地带上游地区源于安第斯山脉的溪流和南部的咸水泉。他们在海岸附近还安装了垂直网和管道，能够有效地收集雾气冷凝水。

阿塔卡马人口分布稀疏，每平方千米还不到一人。人们现在集中居住在沿海城市、渔村、绿洲城镇和内陆采矿营地，土著文化不断受到外来文化的影响，包括古老的玻利维亚蒂瓦纳库文化、印加文化和近年入侵的西班牙文化。人们在阿尔蒂普拉诺高原放牧美洲驼和羊驼，种植庄稼，用雪水浇灌作物。

岩石海岸的鸟粪富含过磷酸钙，收集鸟粪也成了一个经济来源。19世纪时，阿塔卡马沙漠富产硝酸钠矿，硝酸钠是制作炸药的原料之一，智利凭此垄断了全球市场。直到1900年左右，合成硝酸钠才开始在德国生产。自20世纪50年代以来，阿塔卡马沙漠地区出产的铜约占全球的30%。然而，无论是过去还是现在的矿山，都在严重威胁着脆弱的沙漠生态系统，道路建设、羊牛放牧、木材采集、城市化和污染也在破坏生态系统的平衡。

直到19世纪早期，莫哈韦沙漠上的廷比萨·肖肖尼部落的人们仍然是狩猎采集者。他们生活在小家庭群体中，语言和文化属于更大的帕纳明特文明体系。春天和冬天，他们住在山谷里，到了夏天，他们会集体迁徙到山上，因为那儿有牧豆树的豆荚和沼泽松的坚果。他们会把豆荚、坚果和其他种子磨成粉末作为食物，并储存

起来以备不时之需。植物的块茎、绿秆和当地特有的约书亚树的果实都是一些比较新鲜的食物。男人们捕猎大角羊和鹿，女人则负责诱捕小型哺乳动物、采集植物。

19 世纪 40 年代，这种传统的生活方式遭到破坏。殖民者开始采矿，加工黄金、白银和硼砂，耗费了大量的水和木材。沼泽松和牧豆树被严重摧毁，猎物数量锐减，狩猎劳动难以为继。

1933 年，死亡谷国家纪念碑成为旅游景点，美国联邦政府将廷比萨祖辈留下的土地收归国有，当地人们被迫放弃生计。1936 年，国家公园管理局在火炉溪为他们建造了一个村庄。到了 1981 年，美国政府才正式承认廷比萨·肖肖尼部落，但并不承认其土地所有权。如今他们在廷比萨村靠着有限的工作收入和政府援助金生活，还要向国家公园管理局支付设施管理费用。这片土地几乎完全处于被保护状态，他们的狩猎采集文化无法得到传承。到今天为止，50 岁以下的当地人已经不用廷比萨·肖肖尼语沟通了。廷比萨部落加入了西肖肖尼国家委员会，该委员会旨在恢复土地所有权、保护当地人权益、反对莫哈韦沙漠核活动。谈判目前仍在进行中，双方僵持不下。

　　一直以来，住在卡拉库姆沙漠的主要是土库曼人和乌兹别克人，他们在里海或阿姆河附近搭建了可拆卸的帐篷，在那过着游牧生活。他们挖深井取水，饲养着能够提供肉、奶、毛皮的骆驼、山羊和卡拉库尔羊（可能是最古老的驯养绵羊品种）。20 世纪，源于阿姆河的卡拉库姆运河灌溉了大片土地，几乎所有游牧民族都来到耕地附近定居，大规模养殖牲畜，在绿洲地区种植棉花、纤维作物、水果和蔬菜。工业化时代，这片地区纷纷建起工厂，铺设铁路和公路，安装油气管道和电线。由于这片地区自然资源丰富，人们疯狂开采矿物质和建筑材

塔尔沙漠的小屋是用当地材料（有稻草、沙子和骆驼粪便）建造的

在拉贾斯坦邦的杰伊斯梅尔，一名印度妇女身穿华丽的红色纱丽，佩戴传统珠宝

　　料，最终造成了大面积的环境破坏。

　　拉贾斯坦人生活在印度西北部的塔尔沙漠，与印度雅利安人、印度希腊人和印度伊朗人有着血缘上的联系。通过研究语言和遗传证据发现，吉卜赛人起源于拉贾斯

坦邦和古吉拉特邦的部分地区，之后在大概 1000 年时才开始向西北迁徙。大多数拉贾斯坦人在这片地区从事农业和畜牧业，然而由于过度放牧、土壤侵蚀，加上采矿业等工业发展，这片地区面临着严重的土地退化等生态环境问题。

拉贾斯坦人生活中大量用到装饰品。妇女们日常佩戴着镶满宝石的精致的金银饰品，她们会在纱丽上绣上金片，连家具也要用金银饰品和小镜子装饰。每年冬天，塔尔地区都会举行普什卡骆驼节，成千上万的游客慕名而来参加骆驼集市。节日当天，拉贾斯坦人穿着色彩鲜艳的衣服，载歌载舞，动听的歌谣里唱的是冒险故事、爱情故事和悲剧。耍蛇人、木偶戏艺人和杂技演员在街头随处可见，大象和骆驼精心装饰一番后也成了节日的明星。

戈壁沙漠虽然十分干旱，但人类很早就在这定居了，丝绸之路沿线的重要城市乌鲁木齐和敦煌也在这片地区。

正在建造毡帐。毡帐的木框架上覆盖着一层毛毡

然而这片地区环境恶劣，人们很难找到合适的谋生方式，除来旅游的人外，外界对该地区仍然知之甚少。

戈壁地处内陆，气候恶劣，岩石遍布，因此游牧文化不受侵扰，被保存了下来。人们主要住在传统的毡帐里，2000多年来毡帐的设计几乎未变。花格墙和屋顶上包裹着厚重的毛毡，白天能够遮阳，夜晚寒冷时能够保暖抗寒。毡帐的框架十分轻便，能够在30分钟内完成安装或者拆卸，重量刚好可以给骆驼驮在背上。毡帐里面装饰着绚丽多彩的刺绣帷幔和垫子，人们也常在架子上雕刻、绘画。如今，家家户户配备了电器和小型发电机，

精心装饰过的大象，
斋蒲尔，2006年

一个穿着传统服装的
乌兹别克妇女站在毡
帐外，1905—1915 年

还购置了摩托车，方便去最近的城镇买东西。

　　中国新疆的塔里木盆地曾经是一个古老的海床，现在大面积是塔克拉玛干沙漠。在这片地区人们发现了距今 4000 年的木乃伊。这片地区极度干旱、土壤高度盐碱化，木乃伊因此保存得十分完好。中国考古学家发现，木乃伊位于沙漠的中央，被埋在了翻过来的船里，让人不禁联想到维京海盗船的墓葬。海盗船分阴阳两体，翻倒的阴船上装有 4 米高的桅杆，直连阳船。这种生殖崇拜象征着人们在这种恶劣荒僻的环境下顽强生存的意志。这些木乃伊个头高，头发呈金色或红色，带有高加索人种特征，部分身着花格图案的衣服。从木乃伊外观和他们的基因测试结果可以看出，最早来到这片地区的人是欧罗巴人种的后代，兴许是从西伯利亚草原和欧洲边界

塔里木木乃伊"小河公主",中国塔里木盆地

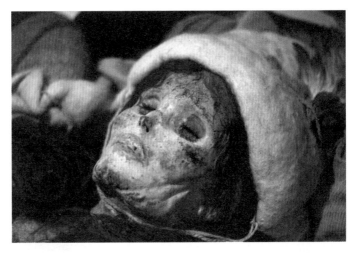

塔里木木乃伊"楼兰美女",中国塔里木盆地

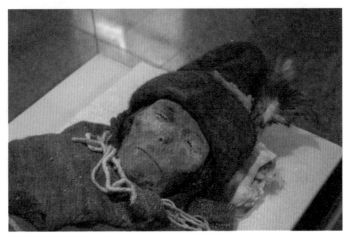

来的。其中一具木乃伊被称作"小河公主",属于印欧人种,她是那个时代里比较高的女性,头发略红,四十出头就去世了。她的睫毛完好无损,双唇之间仍能看到牙齿,穿着带流苏的羊毛斗篷,衬有毛皮的皮靴,戴着一顶有羽毛装饰的看起来很时髦的毡帽。另有一具被称为"楼兰美女",人们认为她具有西方欧亚血统,很可能是

骆驼和主人在穿越沙漠时休息

从西伯利亚和哈萨克斯坦来到这儿的，这证明了丝绸之
路沿路一直有动植物贸易以及技术和文化交流，突厥人、
中原人、蒙古人都曾在丝绸之路上往来。

　　下一章我们将会探讨古老沙漠文化的艺术表现形式。
非洲岩画、澳大利亚传统的符号艺术以及保留时间很短
的地画等都是史前艺术，史前艺术复杂的美学意义、精
神内涵以及描绘的气候变化现象都引起了人们的思考，
其中一些猜想非常有趣，一些猜想甚至还惹来了争议。

第四章　远古先民的博物馆

远古祖先所谓的艺术创作动机已经湮没在了时
间长河里，我们不得而知，但尽管我们无从阐释这
片大陆（澳洲）上最古老的艺术，如此规模庞大的
岩画和壁画也已经将这片大陆上人类和文明的进化
史记录下来了，这是如此地令人着迷。

——詹妮弗·艾萨克斯《澳大利亚梦创时代》(1980)

因为条件限制，反映游牧文化和狩猎采集文化的手
工艺品都具备一定的便携性（如中亚沙漠精巧的毡帐），
或保留时间较短（如澳大利亚的地画和人体彩绘），又或
者在族群离开后直接留在当地，如岩画和石刻。

遥远的祖先是人类共同的祖先，他们将最古老的岩石
艺术流传下来，提醒我们这是人类共有的东西，这也许也
是艺术的另一个目的所在：西方艺术专注于作品的审美特
质，而岩画创作更多的是为了表现精神体验的转换。

早期的人类化石出土于非洲，早期的艺术作品也因
此出现在了大众视野。南非南开普的布伯博斯洞穴曾经

出土了一块约有 77000 年历史的赭石，这块赭石上有着
精致的几何图案，同一时期还发现了在鲍鱼壳里混合的
红黄赭石颜料以及提取混合这些颜料的工具。这个古老
的"画室"已有 10 万年历史，在纳米比亚的"阿波罗 11
号"岩棚出土的彩绘石头碎片据说至少有 1.9 万年历史，
很可能已有 2.6 万年历史。

　　在法老时代，人们在撒哈拉沙漠中的岩石上作画，
但他们的画覆盖了 6000 年前的艺术作品。现在在撒哈拉
沙漠已经发现了 3000 多处遗址，远古祖先们在岩石表面
精雕细刻，创作岩画。在撒哈拉中部山区出土的最古老
的雕刻约有一万年历史，大部分有 20—100 厘米高，有
的高达 5 米，刻的是大型野生动物。在塔西里阿杰尔山

在阿尔及利亚南部阿
杰尔高原上的锡塔希
尔特，描绘一只可能
在睡觉的羚羊的岩画

脉、阿卡库斯山脉和恩内迪山脉出土的岩画是公元前8000到公元前6000年的作品，画的主要是人的侧脸，一些动物和后来驯养的牛。这些岩画是在1933年被发现的，一名巡逻警察中尉布伦南斯从塔西里阿杰尔山进入阿尔及利亚伊利济旱谷时首次发现了这些作品。布伦南斯从没想过，在这片像月球一样荒凉的地方，岩壁上居然印刻着撒哈拉沙漠中最著名的史前艺术作品。到今天为止，在阿尔及利亚和利比亚边界的塔西里阿杰尔高原地区已经发现了15000多幅绘画和雕刻，这些作品记录了公元前8000年到公元前1900年气候变化、动物迁徙和人类活动的历史。早期的画作描绘的是草原风光，草原里水源充沛，草原上生活着犀牛、长颈鹿、大象、水牛、河马和鳄鱼等喜水动物，人们在河里游泳划船，人与自然和谐共生。较为近期的画作，距今少于2000年历史，画中的撒哈拉已是一片沙漠。法国探险家和人种学家亨利·洛特于1939年参观了塔西里阿杰尔山脉，他根据岩画里的动物将撒哈拉岩画分为五个气候时期，从水源充足的大草原时期到放牧狩猎时期，最后是沙漠时期。

如今在撒哈拉沙漠的许多地方发现了岩画。例如，在利比亚西南部的穆萨旱谷发现了大型岩画，刻画的动物包括大象、长颈鹿、河马、猫鼬和野牛（灭绝的大型野生牛）。

1933年，匈牙利探险家拉斯洛·奥尔马希在埃及西南部大吉勒夫干旱山区的苏拉旱谷底发现了游泳者洞穴，

1967 年，亨利·洛特与石壁画在毛里塔尼亚的撒哈拉沙漠

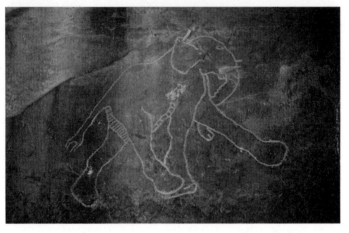

阿卡库斯山脉，大象岩石雕刻反映了这个地区戏剧性的气候变化

苏拉旱谷地区曾经也有河流流过。在这个砂岩洞穴里有动物岩画，画有长颈鹿、鸵鸟、长角牛和在游着泳或潜水的侏儒。这些作品估计有 8000 年到 10000 年的历史，显然当时这个地区水源十分充足。1996 年，安东尼·明格拉将麦克·翁达杰的小说《英国病人》（1992）改编成了电影，电影拍摄了一组洞穴壁画，这组壁画掀起了一股热潮，人们纷纷前来参观洞穴壁画。然而，这对壁画

造成了严重的破坏。

往南到卡拉哈里地区，博茨瓦纳西北部的措迪洛山是岩石艺术最集中的地区之一，10平方千米的区域内就藏有4500多幅作品，其中大部分是由库族人创作的。许多红色的画作画有几何符号，身体比例失调的人和动物。6世纪后人们开始养殖牛，牛便也成了绘画的元素，这个时期的画作可以追溯到600年到1200年。大约2000年前，撒哈拉地区的人们已不再创作岩画艺术了，但在19世纪时，库族人仍在不断地创作，那时的人类学家还有机会见到那些创作的艺术家和他们的族人。到了19世纪50年代，岩画创作还在继续，部分描绘的是人们骑马的情景。

早期的研究人员认为库族人创作的动物岩画非常写实，他们期待着狩猎能够大丰收。在近代，受多种因素影响，特别是受大卫·刘易斯·威廉姆斯的修正主义影响，人们认为岩画作品里人和动物的形象其实代表了巫师的灵魂之旅以及他们意识形态的变化。刘易斯·威廉姆斯和托马斯·道森曾经提出，人们相信灵魂的世界存在于岩墙背后，而库族人认为岩画正是从石墙中浮现出来的。

伊兰羚羊是非洲最大的羚羊，人们最常画的动物便是伊兰羚羊。刘易斯·威廉姆斯注意到，创作者们对濒死的伊兰羚羊非常感兴趣，他们关注羚羊临死之际的特征和特有的姿态。垂死的羚羊头垂着，眼神呆滞而空洞，毛发都竖立起来，此时它们后腿交叉，汗如雨下，鼻子直涌鲜血。这些画面一次又一次地出现在了岩画作品中，

狩猎场景，阿杰尔
高原

对细节的刻画不输基督教艺术家的耶稣受难图。

　　有一幅画十分特别，描绘的同样是濒死的伊兰羚羊，一个男人抓着它的尾巴，刘易斯·威廉姆斯发现这个男人也处于临死状态，表现出来的症状与这头伊兰羚羊的症状相差无几。刘易斯·威廉姆斯的理论认为，库族人崇敬伊兰羚羊，在他们看来，伊兰羚羊不只是食物，更是灵力的来源，这股灵力能够让巫师"变成"羚羊形态的兽人。巫师得到伊兰羚羊的灵力后，能够治愈疾病，给猎人带去猎物，给当地带来降雨。这种艺术刻画的宗教仪式及其代表的灵力的转移，既表达了对动物的重视，又表现了对宗教力量的崇敬。

对精神世界的刻画也是澳大利亚传统艺术中不可或缺的一部分，其艺术既表现出了丰富多彩的生命世界，又彰显了沙漠之神圣。在所有的传统艺术中，澳大利亚传统艺术独树一帜，它的风格和表现方式在不断地演变着，让世人为之着迷。

最古老的澳大利亚岩画当属布莱德肖岩画，布莱德肖系列也是最有趣、最具争议的作品。据文献记载，澳大利亚西北部偏远的金伯利山区藏有世界上最多的旧石器时代晚期的岩石艺术作品，这些作品估计还有更多，人们估计这儿的"画廊"多达10万个。这些画廊以它们的发现者的名字命名的。1891年，牧民约瑟夫和范德瑞克·布莱德肖发现了这些洞穴，他们说洞穴里画有各种颜色的图案，红色、黑色、棕色、黄色、白色和淡蓝色。约瑟夫当时立刻就注意到了画中人物细长的身体，身上的流苏服饰，一些特征和鹰非常相似，画中人的年纪历

游泳者的洞穴里壁画上游泳的人，撒哈拉沙漠

历可辨，整体和古埃及艺术不无相似之处。20 世纪 30 年代到 60 年代之间，人类学家对这些刻画得十分精致的人物做了多方面的研究，包括复杂的艺术性和人物的动感、不同寻常的服装以及年龄，画中的人比同一地区壁画里的旺吉纳人年纪要大得多。当地人认为他们和布莱德肖

澳大利亚西部，金伯利地区，布拉德肖头戴"扇形"和"有轨电车"的流苏头饰

人并无多大联系，他们认为这些画像是由一只叫"格维昂"的鸟画的，它用自己的血勾勒出了画像的轮廓，那些红色的画像便是用它的血上色的。20世纪70年代，一位公园管理员格雷厄姆·沃尔什迷上了这些画像，他将自己的余生都奉献给了岩画归档，留下了数量庞大的档案资料，包括胶卷、照片、素描以及对人物和笔触的详细分析，共计120万份。

　　沃尔什根据布莱德肖人的服装给他们分类。穿戴有流苏的布莱德肖人画像通常高200～800毫米，流苏系在脚踝、肘部、手臂、胸部和宽腰带上，精致而细长头饰垂悬在一边肩上，有的向后，有的向上。戴有腰带的布莱德肖人画像大小和前者相似，佩戴着宽边三角腰带和更加夸张的头饰，有些头饰顶部还有一对翅膀。专家们使用了不同

一个握着垂死的伊兰羚羊尾巴的人。这个人的腿是交叉的，模仿了伊兰羚羊的后腿

的方法对部分布莱德肖岩画进行年代测定，得出的数字从4000 年到21000 年不等，保守估计是 6000 年。

沃尔什说，布莱德肖岩画在众多方面都优于其他传统艺术，包括风格、构图、审美标准、技术和画中舞者的生动、多样、姿态的优雅以及细致的刻画。他提出，创作布莱德肖岩画的族群非常的特殊，早在当地人定居前，他们就来到了澳大利亚，之后也许是离开了这儿，或者是被后来的移民同化了。但这一想法遭到了一部分人的强烈反对。但一直以来，民间流传着许多故事，讲的正是古时一个人口规模较小、肤色较暗的种族，他们的艺术造诣更加深厚。近年研究者们研究了非洲猴面包树和金伯利的酒瓶树之间的相似性，研究发现，后者可能在 6 万至 7 万年前被运到了西澳大利亚海岸，兴许就是制作布莱德肖岩画的人带来的。画中有酒瓶树的果实和花朵，还有船首很高的船，估计最多可载 30 人。对比其他艺术风格，布莱德肖艺术风格明显与非洲当代艺术更为贴近。

澳洲传统艺术表现形式在地域上差异很大，但它们有着共通的信仰和目的，遵循着先人所定下的宗教秩序。沙漠地区最壮观却又最快消失的艺术当属地面马赛克，有的马赛克作品覆盖面积甚至超过了 100 平方米。人们将切碎的叶子、茎、花和动物脂肪一起揉成小球，用红色或黄色的赭石染料、白色黏土、黑色的木炭染色。然后再将这些放在地上，摆成一个几何图形，中间留出一个洞，竖放着一根杆子。宗教仪式中的歌舞表演便是在

帕彭亚，地面画的细
节，1971 年

1984 年，澳大利亚西部沙漠，当地人在准备人体彩绘仪式

地面马赛克上举行的，人们相信这种仪式能够打开大地，让祖先造物的能力浮出地面，附身于男舞者。男舞者身上画上了精致的图案，涂有动物脂肪，贴着羽毛和细小的绒毛。他们跳舞的时候，羽绒便会从身体飘出，落在地面，象征生育力归土。白色绒毛的光辉映照在黑色皮肤上，象征着祖先们神圣的力量。在仪式中，表演舞蹈的人、绘画的人和吟唱的人一齐重建了这片土地。在这个过程中，地面马赛克难免会被破坏，但马赛克所运用的色彩鲜艳的小球激发了人们的创作灵感，西部沙漠著名的点画便是由此而来。

旺吉纳画像是澳洲西北部金伯利地区独有的壁画，这些作品异乎寻常，其历史可以追溯到约 1500 年前。这些画像里的生物看起来像人，高可达 7 米，头部呈圆形，头周围环绕着一圈"光环"，"光环"代表着雨季的闪电。脸部画得十分简单，眼睛乌黑且非常大，睫毛浓密，引人注目，大部分长着鹰钩鼻，但没有嘴巴。人们认为如果给旺吉纳画像添上嘴巴，洪水会从它们的嘴里倾泻而出，淹没大地。面部图画通常以白色为背景，面部轮廓用赭色勾勒，偶尔画有黑黄相间的条纹，看上去像是从洞穴的墙壁里跳了出来一样。当地人相信这些生物是祖先旺吉纳的化身，他们住在洞穴里，化为壁画。因此，人们不可能画得出这种图像，但为了祈雨，人们会给现有的图像进行调整和修饰。

旺吉纳的画像相对静态，而西阿纳姆地和卡卡杜地区的岩画更显动态，画中的米米人就像一根棍子，表示它们是瘦小的精灵，能够穿过岩石缝隙。人们认为在过去的 3000 年里，这些精灵教会了人们如何绘制西阿纳姆地区动物的透视图。这种画法非常的高明，动物轮廓的内部画满了复杂的几何图案和精细的交叉阴影线，代表内部的结构和器官。黄色填充的地方通常代表着脂肪块，脂肪对于他们来说是一种非常稀缺的营养成分。

当代艺术家不断地从古代艺术的多种风格中汲取灵感，他们将这些风格与现代的材料结合，将丙烯酸颜料运用在画布或木板上，或是在织物上进行蜡染设计等。一直以来，只有在当地出生并且办过成年式的人才有权绘制他们国家的地图。这已经被写入了法律，绘制地图对于原始居民争取土地权意义重大。

　　新克洛人居住在南美洲西海岸沿岸 650 千米地带，他们制造了世界上最古老、最精致的宗教品——公元前 5050 年的木乃伊，比古埃及木乃伊的出现早数千年。由于阿塔卡马沙漠极度干旱，这些木乃伊才能保存下来。制作木乃伊是一个极其复杂的过程，最后的成品就像抛光的雕像一样闪闪发光。和一般葬在坟墓里的古埃及木乃伊不同，新克洛木乃伊似乎是放在死者亲属家里供奉着的。

　　大约在公元前 2500 年时，锰可能被用尽了，供应枯竭，因为研究发现后期的木乃伊身上的颜料由黑色锰替

旺吉纳人，金伯利，澳大利亚西部

诺兰古岩的安班刚画廊的米米人，阿纳姆地，卡卡杜国家公园，澳大利亚北领地

换成了红色赭石。后期制作木乃伊的过程变得更加简单了，红色木乃伊的眼睛和嘴巴是张开的，表示他们是清醒的而不是正在睡眠，眼睛和嘴巴作为灵魂重新附身的入口。红色和黑色的木乃伊都可能陈列在圣坛中或者用于游行，西班牙殖民时期的印加也有这种习俗，今天我们也能看见游行中抬着的各种神像，既是纪念先人或供奉神灵，也是在向神灵请愿。古埃及人只为一些人制作木乃伊和进行葬礼，而新克洛人在制作木乃伊时不分社会阶层和年龄。但是到了公元前 2000 年，人们不再制作木乃伊，而是让尸体在空气中自然风干，最后埋在泥土下面。

敦煌是中国沙漠地区上的一个绿洲城镇，地处丝绸之路咽喉要地。通过研究塔里木木乃伊发现，敦煌在2000多年来一直是欧洲和亚洲文明之间的联系纽带。佛教信仰对敦煌的影响尤为深远，在4世纪到14世纪之间，佛教僧侣监督修建了许多石洞寺庙，僧侣们每天在里面冥想、祈祷和翻译佛经，这种习俗起源于古印度，沿着丝绸之路广为流传。

莫高窟在敦煌东南方约25千米处，人们曾经在大泉河的悬崖上凿出了一个洞穴群，在圆顶和墙壁上绘有成千上万幅佛教壁画，尤为壮观。传说中，佛教徒画像的周围画的是供养人、僧侣和旅行者。

很明显，大部分画像以佛教徒为中心，以风景或建筑为背景，由此展开描述佛经故事。菩萨们被画成了印度的王子。其他故事也被记录了下来，包括儒教和道教。洞

一个来自新克罗文化的木乃伊，在智利北部发现，可追溯到公元前3000年

多闻天王和释迦牟尼过海。发现于敦煌莫高窟（千佛洞），中国甘肃

穴中还有一些图画描述的是有趣的日常生活，画中不同种族、不同肤色的人一起参加各种仪式、弹奏乐曲。这些洞穴图像向我们展示了多元文化之间的联系以及种族团结，这在今天来说是相当不容易的。有些壁画的画作技法不太成熟，但也有一些是极其复杂的艺术。莫高窟也被称为千佛洞，在1987年时，联合国教科文组织将莫高窟列入了

世界文化遗产名录。

　海上丝绸之路开辟后，人们放弃了危险、困难重重的陆地商线，从此绿洲城镇渐渐地被大部分人遗忘了。当时留在洞窟的僧人寥寥可数，他们不知道，在17号窟也就是"藏经洞"里的一幅壁画后藏有大量来自其他地方的经文。这是20世纪的考古发现，1900年，一位自命住持和洞窟"守护人"的道士王圆箓发现了这些文物。1907年，一位英籍匈牙利考古学家和探险家马尔克·奥莱尔·斯坦因听说了宝藏的传闻后来到莫高窟，说服了王圆箓带他"参观"洞窟内部。后来他在著作中写道：

敦煌莫高窟发现的明代菩萨壁画，现位于北京法海寺

插图描绘了释迦牟尼抵制魔罗诱惑，右上方的恶魔用火枪、手榴弹和其他武器进行威胁，而右下方的恶魔则用享乐对释迦牟尼进行诱惑

"这些原稿一层层堆着，排列毫无顺序。在牧师举着的昏暗的小灯下，我看到了一大堆手稿，堆起来几乎有3米高……这些手稿全部都藏在砖墙后面……好几个世纪都没有人动过。"

斯坦因发现了多达5万份手稿和数百幅绘画作品，这些作品画在丝绸、纸张、佛经、织物等文物上，都是几个世纪积累下来的，还有用各种文字写成的佛教文本，还有一些语言斯坦因辨认不出，这些都是无价之宝。这些壁画将佛陀画成了人形，斯坦因将这种新的艺术风格命名为塞林迪亚。画像中许多元素明显受到了希腊风格的影响，如佛像的袈裟、弗里吉亚帽、四马罗马战车，铭文的题名也是由罗马名字提图斯派生而来的。斯坦因不仅看到了飘逸的中国风袈裟，也注意到了佛像庄严而安详的面容、简单却令人印象深刻的姿势、雍容大度的古典服饰。

斯坦因的发现中最珍贵的是《金刚经》，最早标有确切日期的完整印刷品，印刷于唐朝咸通九年（即868年）。《金刚经》围绕苏格拉底式问答展开，讲述的是佛陀对须菩提的启发，佛陀指引须菩提质疑自己对现实和超脱的狭隘认知。《金刚经》最后的图画让人想起了柏拉图著名的洞穴比喻，他将洞穴中的囚徒比作"所有局限的影像都是梦、幻觉、泡沫、阴影……"

《金刚经》中的一页，印刷于唐朝咸通九年（868年），是现存最早的印刷成书

古代丝绸上的刺绣，表现了佛陀与弟子和菩萨之间的关系，信徒在下面虔诚的跪拜着。发现于敦煌莫高窟

斯坦因说服王圆箓以 220 英镑的价格将 7000 份完整手稿、6000 个碎片和成箱的画作、刺绣和其他艺术品卖给他，这笔钱用于其他洞穴的修复。这批珍贵的手稿现在保存在伦敦的大英博物馆，画作分给了大英博物馆和

新德里的国家博物馆。听说了斯坦因的经历后,很快收藏家们就跟随着他的脚步来到了敦煌,拿走了手稿、雕像甚至是带有壁画的墙砖。来访敦煌的记者和摄影师向全世界介绍了这些珍贵文物,莫高窟成了举世闻名的艺术宝库。到了 1950 年,敦煌文物研究所成立;1961 年,中国政府将莫高窟列入首批全国重点文物保护单位。

本章讨论的大部分传统艺术创作是从宗教出发的,尽管这个目的是什么我们尚未得知。沙漠上也有一些宗教,这些宗教几乎没有留下任何图像记录。下一章将会讲到澳大利亚当地人的精神信仰和较近期沙漠地区人民对非宗教性思想的推崇。

第五章　旅行家和探险家

没有人能够经历（游牧民族的）这种生活而不受影响……没有人不想回来……因为大地这个恶魔残酷无情，只要它施下巫术，这片地区再无风和日丽。

——威福瑞·吉勃特·塞西格

《阿拉伯沙地》（1959）

沙漠是仅存的几个边境探险去处之一。几个世纪以来，当地的游牧民族已经走过了这些沙漠。穿越沙漠看似可能，但对于来自城市的旅行者来说，注定是艰辛的旅途，也许会成为改变人生的转折点。旅行者来到沙漠探险，他们可能希望来一场冒险，或是出于好奇或传教的热忱，或是希望找到新的科学发现，也可能是为了实现个人的愿望。但是，无论他们的目的是什么，对于勇于挑战孤独的人来说，这也将会是一场发现自我的心灵之旅。在这个过程中，人们会发现环境变得不可控了，感知和自我意识也许会发生转变，最后在精神上获得解放，洞察到人类的长处和弱点。他们的经历深深地吸引着我们，无论是在异国他乡、充满危险的旅程，还是在任何一个地方的平凡经历，又或是驱使他们不顾生命危险踏上征程的动机，沙漠探险激起了我们的好奇心。

旅行者自由自在，不受命于任何人，但探险家托付着别人的请求，通常受有权势的人委任前去探险。探险家们的目的很明确：提高国家声望、发现可吞并的经济资源或是寻找新的科学发现，但在大目标之下，探险家们也有自己的私心，如为了提高自尊心、吹嘘自己的英勇事迹，或者是为了出名，又或者希望能够成为发现"新大陆"的人。虽然先进的技术取代了探险家的位置，但因为上述种种原因，他们的探险经历也不失趣味。

大多数情况下，沙漠探险家很少能够达到目的地，他们的探险只能算是英勇的尝试，即便他们到达了目的地，很可能已经有人捷足先登。有一个例子非常出名，罗伯特·福尔肯·斯科特曾经立下壮志要成为第一个到达南极的人，但是罗纳德·阿蒙森抢在他前面 33 天到了。然而，从大众的心理来看，那些未能实现目标的探险者，尤其是在探险过程中牺牲的人，往往比那些成功实现目标的探险者更值得尊敬。人们可能会认为其中的困难绝对是无法克服的，因此探险家们失败的尝试更应该被称为英勇事迹。

本章主要介绍探访中东、中亚、澳大利亚和南极洲这四个沙漠地区的旅行者和探险家。虽然这些地区非常不同，但旅行者和探险家们穿越的沙漠的动机和心理都非常相似，值得我们探讨。

中东地区

几个世纪以来，无数旅行者来到了位于东西方文明之间的这片地区，或是出于对宗教朝圣或军事阴谋的好奇，或是希望挑战自我，又或是渴望体验独处。他们留下的记录为我们再现了沙漠图景。

最早的文字记载来自摩洛哥探险家伊本·白图泰（1304—约1368），他在年轻的时候就开始了他的旅程，他去过麦加甚至更远的地方，历时30年。他主要跟随朝圣商队旅行，商队旅行者多达两万名，对此他曾说，"他们人数之多，像汹涌大海上的海浪一样，撼动了大地"。他总是待在他熟悉的文化环境中。回到摩洛哥后，伊本·白图泰南上锡吉勒马萨酋长国，这是柏柏尔人的贸易站，位于撒哈拉北部边缘。随后他又在那里乘骆驼商队前往塔加扎（如今位于马里境内），塔加扎是一个干涸的湖床，人们在那儿挖出盐块后便运往富有的马里首都贩卖。伊本·白图泰惊奇地发现，盐价和黄金的价格相当，市场环境好时甚至是金价的数倍。他对这次旅程的回忆被收录进了《旅行》，19世纪法国学者翻译了这本书后，这次旅程才得以广为流传。

近代第一个探索中东地区的西方人是瑞士旅行家和东方学者约翰·路德维希·伯克哈特。他研究过阿拉伯语，在叙利亚定居，曾到现在的约旦地区探险。1812年，他来到纳巴泰王国的首都佩特拉古城，这座古城千年来无人知晓。古城已有 2000 年历史，约翰·威廉·伯根曾经在诗歌《致佩特拉》（1845）中这样描写到，"瑰丽之城已历经沧桑"。整座建筑是在高耸的岩壁上雕刻出来的，只有穿过狭窄的西克峡谷才能到这儿。这座城中的卡兹尼神殿（当地人存放财宝的宝库）和修道院是最为重要的历史建筑，它们经受住了 363 年的地震和后来的强盗洗劫。这儿还有陵墓和一座圆形剧场，是公元前 1 世纪留下来的。这曾经是繁荣的香料贸易中心。伯克哈特的故事传到了英国，吸引了艺术家、考古学家和电影制作人前来参观。后来，伯克哈特还伪装成一个贫穷的商人，冒着生命危险去麦加，然后又去了麦地那。许多英国旅行者成了他的效仿者，纷纷乔装打扮前去探险，其中最著名的是 1853 年理查德·伯顿爵士和 1876 年查尔斯·道提的经历。道提将他在旅行两年的经历写成了著作《阿拉伯沙漠整体旅行》（1888 年），长达 1200 页。这本书的写作风格极其独特，情节复杂，在拉丁语语法上加入了阿拉伯语的词形变化和节奏。他在游记开篇写道：

> "天正拂晓，我们还未动身。天一亮，我们就把帐篷拆了，骆驼准备上路，正停在货物旁。枪声一发，这一年的沙漠之旅就要开始了。"

道提的著作在出版当时并未引起人们的关注，但在

约旦，佩特拉的卡兹
尼神庙的正面

托马斯·爱德华·劳伦斯为1921年的修订版写了序言后，该书一时间声名鹊起。

20世纪早期，新一代的旅行者对中东有了新的认知，人们不再把这看作是历史遗迹，而是当代具有军事战略意义的文明社会。这个时期最出名的旅行家是两位英国女性，分别是格特鲁德·贝尔和芙瑞雅·斯塔克，她们家境殷实，带着仆人便踏上了旅途。她们与阿拉伯酋长建立了深厚的友谊，两人在旅途当中的所见所闻对于英国外交发展意义重大，在第一次世界大战期间，她们甚至被英国情报部门雇用了。两人深得英国皇家地理学会敬重，贝尔曾经获得学会颁发的金奖。她们一生著作无数，文采斐然，她们的游记记述了该地区的历史和政治，细致而又生动地描述了沙漠景观和贝都因文化。

爵士格特鲁德·玛格丽特·罗蒂安·贝尔（1896—1926）是作家、历史学家、政治顾问、语言学家、行政官员和考古学家，精通阿拉伯语、波斯语、土耳其语、法语、德语、意大利语。她聪明睿达，带着无限的热情和顽强的毅力投身于探险事业，足迹跨越巴勒斯坦、叙利亚和阿拉伯人迹罕至的沙漠地区。很少有西方探险家会深入这些偏远的地方，更很少有欧洲女性涉足当中大部分地区。简奈特·瓦拉克是这样描述她的："她坐在马鞍上，颇有几分阳刚之气，戴着头巾，身着外套和裙子，看起来像贝都因人……她骑着马穿过了豪兰平原裸露的火山岩，准备向德鲁兹人的领地进发。"德鲁兹人骁勇善战，生活在德鲁兹山区，过着与世隔绝的生活。

贝尔在沙漠中面临着极端的生存环境，并且部落联盟战乱频繁，危险不断，因此她必须和部落协商，为自己找到生路，她曾经在书中写道："再怎么伪装，一个女人也掩饰不了她的性别……（因此，她最好的辩词是）出身名门望族，（因）世代传统不可违逆（所以来到这片地区）。"她把自己塑造成一个大家闺秀，是"北英格兰最高酋长"的千金。她的行李中带着精美的瓷器茶具、水晶、银器、晚礼服、丝绸和蕾丝，希望与酋长进餐时能够派上用场，除此之外，她还带了相机和枪，把子弹藏在鞋子里。尽管贝尔是女性，但在讨论国际事务时，贝都因酋长们都十分尊重她的意见，对她一视同仁。

她对部落的等级制度和贝都因人无休止的掠夺和报复绝不妄加评论，让她着迷的是开阔的阿拉伯沙漠。她在沙漠中闻到了自由的气息，犹如获释的囚犯。她写道：

> "来到这座与世隔绝的花园，敞开它的大门，圣殿入口的锁链降下，小心翼翼地向左右张望一下，再向前走，瞧！无边无际的世界，亟待开拓的、充满冒险的世界……隐藏在山坳里的是未知和不可知的谜题。"

她的记述引起了许多沙漠旅行者的共鸣，她曾写道：

"再从沙漠回来时，没有人的内心能够毫无波澜。沙漠在你身上留下了印记，无论好坏……尽管这儿一片荒芜，但它还是美的，也许更应该说，荒芜也是它美的一部分。"

因为她非常了解这个地区，与当地部落首领建立了深厚的友谊，贝尔在伊拉克建国的过程中起着决定性作用。

芙瑞雅·斯塔克（1893—1993）和贝尔是同一时代的人，她曾经说过，她对中东的迷恋来自她9岁生日时收到的一本神话故事书，但直到30岁的时候，她才开始学习阿拉伯语，然后到伊朗西部的荒野地区旅行，她到了西方人在那之前从未到访的地方。她精通制图，绘制了伊朗最偏远地区的地图，包括厄尔布尔士山脉、扎格

从西边看到的杰贝尔图伊格地区的悬崖；利雅得就在地平线的另一边。这是位于阿拉伯半岛中部鲁卜哈利沙漠以北的地区，格特鲁德·贝尔就是在这里与德鲁兹人会面的

罗斯山脉以及刺客谷。正如《阿拉伯南方之门》（1936）所述，斯塔克是最早穿越危险多山的哈德拉毛沙漠地区的西方女性之一。

斯塔克对自己充满信心，她既是四处流浪的旅行者、社交女王，也是政府官员、作家、制图师和神话的缔造者。她和贝尔的作品的不同之处在于，她用了大量篇幅来描写女性，她认为在酋长的决策过程中女性也拥有话语权。她的作品主要写人，但也有描画风景的，令人印象深刻，例如这段关于哈德拉毛高原的描述：

> "在雨和风的共同作用下，平坦沙面的四面八方都受到了侵蚀。峡谷上巨大的石头四散而下，滚到了哈季尔河，滚到那饱受侵蚀的土地上。除了阴凉地方有几处石灰岩池，在这一块地方找不到任何水源……从两边望去……荒芜的山谷都消失了。"

与贝尔和斯塔克同一时代更加著名的是托马斯·爱德华·劳伦斯（1888—1935）。他是一名英国军官，负责联络阿拉伯大起义的领袖。劳伦斯曾是叙利亚北部的一名考古学家，他在1914年被英国政府雇用，随后在他考古工作的掩护下进行对内盖夫沙漠的军事调查，原因是内盖夫沙漠是奥斯曼帝国的军队进攻埃及的必经之路。英国外交部计划通过推动阿拉伯大起义，给予阿拉伯人资助，企图瓜分德国盟友奥斯曼帝国的资源。劳伦斯对沙漠十分了解，并且精通阿拉伯语，因此他成了这个计划的核心人物。他与费萨尔一世保持联络，组织了多次游击战，反复轰炸奥斯曼军队的主要补给线汉志铁路。他曾经在土耳其的沿海战略城市亚喀巴发动了陆上突袭，因为要穿越沙漠，该任务无比艰巨，人们一度认为这是根本不可能的。除此之外，他最出名的功绩还包括协助盟军攻占大马士革。

近年，一些学者把贝尔、斯塔克和劳伦斯评价为窥视别人生活的旅行者，他们窥视了别人的生活后就不负责任地走了。他们基于自己的观察构建出了他们认知中的东方社会，并且认为对他们的版本拥有所有权，任何人都不应随意置评。文化研究批评家爱德华·萨义德认

芙瑞雅·斯塔克曾旅行过的也门的哈德拉毛山谷

为这三位的共同点在于"他们的个性非常强，有着极强的个人使命感，对东方世界的有着一定认知，并且这种认知掺杂着先入为主的观念，但在这过程中他们对东方社会逐渐形成了偏执态度，最终否定了东方世界，他们还认为自己的亲身见闻就代表了整个东方世界的形态"。

按照萨义德的说法，威福瑞·塞西格（1910—2003）也难辞其咎，他曾在埃塞俄比亚探险，在第一次世界大战期间是苏丹国防军的一员，可见他的职业生涯不一般，他曾两次穿越阿拉伯半岛著名的"空白之地"。在他的著作《阿拉伯沙地》（1959）中，他说道，他在沙漠的边缘感受到了人类光辉的历史，深受感动，在那儿部落族人自称是以实玛利的后代，老人们说起1000年前发生的事情时，神采奕奕，仿佛那些事在他们年轻时发生的。人们认为塞西格探险是为了成为发现"新大陆"的人、享受独处。塞西格写道：

> "'空白之地'……是为数不多的别人没去过的地方之一，正好满足了我的征服欲……（这）是我出名的机会，但我相信，带给我的远不止这些，在那空旷的荒原上，我能找到孤独带来的宁静，我也希望能够在这个危险的世界里和贝都因人结为'战友'。"

斯坦因和他的狗达
什站在中间，大约
1910年

中亚沙漠

　　20世纪初，对于欧洲人来说，丝绸之路沿线城市的名字，包括塔什干、撒马尔罕、布哈拉、斯利那加、坎大哈、伊斯法罕、波斯波利斯，让人联想到了浪漫主义时期的文学。1900年至1930年，马尔克·奥莱尔·斯坦因曾在中亚进行了四次大探险。然而，斯坦因是个不折不扣的考古海盗，他盗走了中国敦煌无数珍贵绘画、雕像和手稿，包括马可·波罗和玄奘的回忆录。

　　与斯坦因同一时代的瑞典人斯文·赫定（1865—1952）同时是地理学家、探险家、制图家、考古学家和旅行作家，他也曾四次到达中亚，去过塔里木盆地和塔克拉玛干沙漠。1927年至1935年间，他到蒙古国和中国进行"科学考察"，但是"考察"科学队伍像一支入侵军队，队伍里带了37名科学家、300头骆驼和武器。赫定曾在罗布泊沙漠发现了部分遗迹，这些遗迹证明了中国的长城曾经延伸至这里。中国政府后来修建了街道、灌溉系统，设立矿区，使这些荒凉的地区发生了翻天覆地的变化。

上面介绍的两位男性探险家热衷于科学发现和考古"战利品"，而我们接下来要介绍的旅行者与他们截然不同，她们是勇敢的女旅行者，带着不同的目的远征荒漠。埃拉·梅拉特（1903—1997）是瑞士滑雪运动员、登山家、水手、电影制作人，她对冒险充满了憧憬。两次世界大战令欧洲变得满目疮痍，物质主义一度疯狂，梅拉特对现状感到无比失望，她怀着不切实际的愿望，希望与原始、简单的人生活在一起，重新认识万物的本原，她所向往的正是如群山般苍老的孤独。在前往"传说中的帖木耳废墟"——撒马尔罕的路上，她想起了詹姆斯·劳尔劳埃·弗莱克《哈桑》中的诗句，"欲知不应知之事，且往金色之路去，直达撒马尔罕"。她穿越了克孜勒库姆沙漠，一路跋涉去往布哈拉，她说那里只有暗灰的天空和冰原……一片荒芜宏伟壮阔。在那里，队伍里的人只能切割并融化冰块取水。三年后，她与《泰晤士报》的记者彼得·弗莱明为了探索战争的真相，一起从中国北京出发去往克什米尔，全程5600千米，历时7个月，一路乘坐火车、卡车、步行、马匹和骆驼。他们先是经过了荒芜的柴达木盆地，经由古老的丝绸之路穿越塔克拉玛干沙漠。

梅拉特足智多谋，无论是精神上还是体力上都表现出了极强的耐力，她的探险经历便是例证之一。她曾在著作中引用了布莱兹·桑德拉尔的一段话：

> "冒险不应该是……浪漫的、超脱现实的……冒险是人们都要经历的。要让冒险成为你内在的一部分，最重要的是要让冒险有价值，无须畏惧。"

另外三位杰出的旅行者与众不同，《戈壁沙漠》（1950）一书记录了她们的经历，可以看得出即使旅途充满了危险，但她们依旧乐观，乐于结识当地人。其中一位是冯贵珠，她曾在日内瓦接受过良好的教育。与冯贵

冯贵珠、冯盖石、盖
群英，1930 年

珠同行的还有盖群英（1878—1952）和冯贵珠胞妹冯盖石
（1871—1960），前者曾经在伦敦大学修读了药学和人类科
学。她们沿着河西走廊，以酒泉为基地。在后续 13 年间，
她们走过了 2400 千米，去过新疆的很多村庄和城镇。为
了与当地妇女交流，她们学习了维吾尔语。旅途中居无定
所，她们曾住过拥挤的客店、蒙古包、木屋、四合院、泥
棚、骆驼夫的帐篷等。

斯坦因和赫定是跟着全副武装的大型商队旅行的，
但这几位女性意志坚定，有的还带着车夫，沿着丝绸之
路曾经的贸易路线旅行，全程的唯一交通工具就是驴车。
回想起这段经历，她们说道："我们前后五次穿越了整
个沙漠，我们成为沙漠的一部分，也成为这片沉寂的一
部分。"

"（在这大漠里）只听得见动物的蹄声和车夫布
鞋的轻踏声……我去过的地方里不乏寂静之岭，但
任何一处都比不上这里。这里甚至没有听不到花草
沙沙作响，看不到枝叶婆娑摇曳，也听不到鸟儿振
翅扑簌……我们都沉默着，只是在专心地听着。"

她们被邀请到寺庙。在马提寺的石窟中，他们看到
了砂岩悬崖上镂空的佛龛和相互连接的石阶，每个房间
都有一扇小窗，房里供着佛像，他们穿着纱衣，戴着脚
镯，这在中国寺庙里从未有过。除此之外还有木制的佛

像，两侧是抬起的象鼻，以表示对佛的崇敬之情。

她们行走在无边无际的沙漠里，逐渐认识到必须因循前人留下的足迹前行，她们一路上摸索着浅淡的足迹，除此之外还要提防海市蜃楼，一般从远处看会看到所谓发光的沙子，或者尘卷风缓缓地从平原上经过，走近才知道是旋风掀起了地面上的沙石。此外，还要提防那些虚幻的、奇怪的声音，比如人声或骆驼铃响的声音，一不注意就会被这些声音吸引过去，迷失在沙漠中。在路上她们还爬上了鸣沙山，见到了月牙泉的醉人美景，在那里，每走一步路，沙子都埋到了脚踝。

"月牙泉静静地躺在沙丘之间，小小的一片，似月牙形，呈现出宝蓝色……就像一颗宝石。湖的对岸有一座小庙，庙的四周种着银色的树木，湖面可

月牙湖，中国敦煌，戈壁沙漠

见一群黑色的小鱼在游。"

　　在经历戈壁之旅后，冯盖石感慨道："独处的意境来之不易，在这漫长的旅途中，我们也是在修炼这种境界。"她还指出澳大利亚沙漠极具艺术性的一点：

　　　　"（沙漠上空）万里无云，一切物体都没有远近距离感……立体而凸出，清晰可见……（就好像）从正常生活剥离出来后，每一次邂逅都成了庄严的仪式……在沙漠路上，从没有偶然相遇这回事。"

　　英国人查尔斯·布莱克摩尔为了追溯劳伦斯的阿拉伯之旅，在沙漠中旅行了 1000 多千米，在那之后他仍

鸣沙

然渴望回到广阔的沙漠，他说，"（沙漠）带给我的挑战是探险一个未知的、完全不同的、可能没人去过的地方，兴许是最远的、最后一片人类未涉足的土地"。1993 年，他召集了一支队伍，装备了 30 头骆驼，从西向东穿越了塔克拉玛干沙漠。一路上要跨越横贯南北的沙丘，行程远远大于 1250 千米，其中许多沙丘的高度甚至超过 300 米。为了成为穿越沙漠"第一人"，他坚持直穿沙漠中部，放弃了北部和南部边界的旧贸易路线。然而，探险队遇了巨大的困难，人和牲畜不得不爬上陡峭的沙丘，这让他们筋疲力尽，负重的骆驼从沙丘脊上跌落，连带着人一起摔下了沙丘。他们的物资都源于补给队，在沿途的几个点补给队会为他们提供水和食物、更换新的骆驼。布莱克摩尔最后得偿所愿，成为第一个踏足这片土地的外国人。

布莱克摩尔的探险队时常出现个人矛盾和文化冲突，一度面临着解散，但他们还是在 60 天后到达了沙漠的东端。他们发现了被遗忘已久的城镇废墟、古老的森林和大约一万年前形成的燧石，证明如今干旱的塔里木盆地在史前时代时期可能是一个富饶的山谷，生活着狩猎采集者。

澳大利亚

到目前为止介绍的旅行者严格意义上说并不是探险

家，他们穿越的地区都是当地居民几个世纪以来生活的地方，大多数情况下，这些旅行者得到了当地人的指引和帮助。但澳大利亚可不同，它和南极洲一样，它的"陌生"体现在另一个方面。尽管澳大利亚人非常熟悉他们的领土，但是英国殖民者几乎不与他们交流，因此他们对海岸边缘以外的地方一无所知。为了开垦农业和牧场，殖民者们开始向澳洲内陆进发，与在非洲进行的殖民试验齐头并进。厄内斯特·贾尔斯非常在意同一时期探险家伯顿、斯皮克和利文斯通的重大地理发现，因此他在发现澳洲沙漠的一汪泉水后，便迫不及待地邀功。他在著作里含蓄地强调了这项不起眼的发现来之不易，希望能够得到女王赏识：

> "杰出的探险家们在非洲发现了维多利亚湖、艾伯特湖、坦噶尼喀湖、卢阿拉巴河、赞比西河，他们的发现甚至得到了女王陛下的名字命名，这是无上的光荣。我虽没有如此伟大的发现，但愿能贡献出我小小的发现——在这片沙漠中藏匿的一泓泉水。如果没有对那些庞大的地貌一一计数，让它们永远隐匿于群山之间，我相信这也不失为一项功劳。"

欧洲人曾在政府的资助下对澳大利亚内陆进行了半个多世纪的"探索"，但结果令人非常失望，许多人还因此丧命。殖民者一直希望能够找到水源充足的牧地，但如今他们的希望破灭了，于是探险家们踏上了前人的路线，还把自己的旅途描述成传奇故事，写自己如何英勇，又写自己如何只身一人征服这片土地，在他们的叙述中，那儿时有海市蜃楼，只见河床不见河流，可怕且又变幻无常。探险家们为自己塑造出了英雄形象，让所有开辟新领土的国家都趋之若鹜。在这之中，他们只是巧妙地换了个说法，把"收益"换成了"毅力"，是"开拓"而不是"探险"。他们把失败的尝试和错误的判断从冒险故事中删去了，只留下英雄远征的经典情节，还受到了读者们盲目吹捧，直接决定了那一代人对中部沙漠的认知和态度。

　　爱德华·约翰·艾尔的作品是第一部体现"光荣的失败"的冒险故事。1841 年，他穿越了南部沿海沙漠，并记录下了这段漫长而艰难的旅程。　路过来十分艰难，就在他奄奄一息的时候，他碰到了刚好停泊在海岸不远处的法国船只，在船上休息了几天，才得以幸存。为塑造光荣失败的形象，对这一情节他只是轻描淡写地一笔带过了。4 年后，查尔斯·斯特尔特决定远征澳洲大陆中心，成为

1844 年，上尉查尔斯·斯特尔特离开阿德莱德，由 S.T. 吉尔绘画

第一个在那插上英国国旗的人。他相信他能够揭开内陆"神圣的奥秘"，在他看来这是命中注定。1844 年，他带着殖民者的期待从阿德莱德出发前去寻找内陆海和支流。然而他最终没能到达目的地，而且内陆海只存在于 1.2 亿年前的白垩纪时代，当时澳大利亚中部的伊罗曼加海早已干涸了。但尽管如此，斯特尔特也并非毫无收获，他的冒险故事中带有哥特式写作风格，是当时澳大利亚前所未有的，这也让他成为最著名的探险家。他曾经去过得宝峡谷，那里干旱无比，旅程受阻，他在书中把环境的束缚比作精神的囚牢，把同伴描述为"被关在炎热荒野的囚犯就好比待在冬天的南极"。他在描述辛普森沙漠中 30 米高的沙浪时写道，"以可怕的阵势向我们袭来……一浪接着一浪，就像是狂暴的大海上汹涌的波涛"。

斯特尔特探险失败后，1848 年左右，一位经验丰富的德国探险家、科学家路德维希·莱卡特踏上了他的第二次征程，但最后在澳大利亚中部的某个地方彻底消失了。后人将他称为"迷失的莱卡特"，他的消失引发了众人的想象和猜测，真相扑朔迷离。在这之后还发生了澳大利亚最具戏剧性也最具灾难性的探险事件，两位探险家罗伯特·奥哈拉·伯克和威廉·威尔斯于 1860 年从墨尔本出发，阵势之大，吸引了 15 000 名观众前来送行，两位探险家带着异国的骆驼，行李堆积如山，为了准备在内海航行，还带着一艘鲸船和前所未有的庞大船队。一年后，伯克、威尔斯和其他 5 位探险队队员因为偏离了方向、判断错误葬身于沙海。然而，几十年来，伯克一直被称为英勇领袖，没有人会质疑这一点。听闻这些失败的探险家的经历后，人们都沉浸在强烈的悲剧感中，而在这悲剧中沙漠正是那"邪恶的反派"。国家为他们举行了国葬，规模堪比皇室葬礼，4万人前来哀悼伯克和威尔斯。

许多探险家是去世之后才成名的，在人们心目中，成功完成任务后活着回来的探险家们似乎只能退居次位，比如约翰·麦克道尔·斯图尔特，他成功抵达了澳洲大陆的中心，他的旅行路线后来成为南北之间至关重要的电报线路；厄内斯特·贾尔斯，最伟大的内陆探险家，走过了最长的距离，他顽强的毅力无人能比，还有奥古斯特·格里高利、彼得·沃伯顿、约翰·福类斯特远等，他们的知名度远不及那些失败的探险家。

这些探险之后的近一个世纪里，再没有人到沙漠旅行，但这些探险者的作品为小说作家带来了灵感，作家们可以利用里面描写的梦魇景象表现当时欧洲殖民探险家内心最深处的恐惧：身处陌生国度，远离人类社会，面临着干旱、口渴、孤独和死亡的威胁。他们对沙漠的仇恨也永远地留在了地图上：失望山、绝望山、毁灭山、欺骗山、荒凉山、悲惨山、荒芜山，甚至还有眼炎山。

到了20世纪，现代交通方式出现了，但是在澳大利亚的沙漠探险仍然是一个巨大的挑战，罗宾·戴维森便是这迎接挑战的人。1977年，戴维森为了证明自己，带着4头骆驼独自穿越了西部沙漠，从爱丽丝泉一直到印度洋，全程2700千米。她对这次旅程的记述《轨迹》

（1980）大受欢迎，尤其受到了女性读者的追捧，读者们十分敬佩戴维森顽强的意志力，她的事迹也一直被传为佳话。当时社会上掀起了对沙漠的新浪漫主义崇拜，这本书对此具有重要的意义。在人们心目中，沙漠成为灵感的源泉，是探索自我的地方。

南极地区 *

　　南极地区不存在原始居民，所以它是唯一一个真正意义上被欧洲人发现的大陆。俄国的别林斯高晋船长曾在1820年发现了南极大陆，环绕它航行了两圈，但直到20世纪初，南极地区仍然是鲜为人知的地带。南极地区是最后一片人类未涉足的土地，地处最南端，是面积最大、条件最恶劣的沙漠，在那个年代里，南极地区探险堪比太空竞赛。1895年，伦敦召开第六届国际地理大会，会上通过了一项决议，敦促所有科学学会加紧对南极地区的调查，打响了南极探险竞赛的发令枪。比利时、英国、法国、苏格兰和挪威的探险队展开了激烈的角逐。

　　1911年12月，罗尔德·阿蒙森率领的挪威探险队到达了南极，33天后，罗伯特·斯科特率领的英国探险队也到达了目的地，南极地区竞赛就此结束，但是人们却并没有停下探险的脚步。当时的探险家成为南极探险

---

* 南极地区因降水稀少、酷寒、干旱，而被称为"白色沙漠"。（译者注）

"英雄时代"的传奇人物，人们将他们称作勇敢坚强的爱
国典范，献身于崇高的科学事业，但也有人是为了追求
地位和名誉，比如20世纪的澳大利亚内陆探险家。欧内
斯特·沙克尔顿称其探险是出于对冒险的热爱、对科学
知识和未知事物的崇尚和追求，他说："这片贫瘠之地的
魅力只有来过的人才知道，是从未走出文明社会的人无
法领略到的。"阿蒙森曾引用了他的导师弗里乔夫·南森
的话，"人类的思想和力量战胜了大自然的力量，人类征
服了大自然"。许多科学家们也来到了这片地区探索科学
发现，他们穿越了南极大陆，走过南极高原和罗斯冰架，
测定岛屿和海岸线并绘制地图，监控南磁极位置变化情
况，收集气象数据，研究当地的生物学、地质学，这其
中的成本和危险是难以估量的。

　　早期的探险规模很小，预算非常有限，也没有精密
的设备支持和补给，到了今天，人们只需要通过卫星视
频会议即可得到快速支援。去南极探险绝非易事，需要
携带的装备笨重无比，运输装备的重型雪橇只能依靠狗
或人来拉，队伍能带的补给非常少，而且因为靠近磁极，
导航仪器会失灵。

　　客观来看，斯科特两次南极探险都失败了。第一次
探险中，由于个人疏忽，他的队伍里至少损失了一名队
员，还差点失去了他的船"发现"号。但在1904年，他
的队伍回到英国后，他们却被视为国家英雄。当时人们陷
入了严重自我怀疑，加上战争的接连失败，队伍的回归恰

逢其时，提振国家的信心。然而，他在 1911 年到 1912 年间进行的第二次探险是一场更大的灾难。他们的队伍在南极探险竞赛中败给了挪威探险队，而且在返程途中，斯科特的队伍全军覆没。但斯科特把他的队员视作英雄，面对不可逾越的困难坚持到了最后一刻，为探险事业奉献了自我。在斯科特那个年代的人们是看着《少儿画刊》的冒险故事长大的，那时世界大战还未到来，对他们的世界仍然十分乐观，斯科特的冒险故事毫无疑问地成了大英帝国王冠上的一颗璀璨明珠。但他也同样没有逃过修正主义的批判，后人对他的事迹进行了猛烈地抨击。1985 年，记者罗兰·亨特福德称斯科特欺侮他的队员并操纵了历史，这一言论惊动了整个社会，斯科特一时声名狼藉，文学成就毁于一旦。美国小说家厄休拉·勒·奎恩对此做出了评价，他说："因为他只是艺术家，他的证词把纯粹的浪费和痛苦描述成了有意义的事情——悲剧。"

　　和斯科特相比，接下来这一位非常不同，道格拉斯·莫森是澳大利亚地质学家和探险家，他热衷于科研，对南极之争并不感兴趣。1911 年至 1914 年间，他带领了第一支澳大拉西亚考察队远征南极，在南极进行了地质和生物研究以及气象观测，绘制了大面积海岸线地图，此次探险非常成功。莫森率领探险队到阿黛利地以东进行探索，同行的有瑞士的滑雪冠军、登山运动员泽维尔·默茨和贝尔格雷夫·尼尼斯中尉。尼尼斯带一支狗队运载他们的大部分补给，但在离基地 500 千米处跌入了冰缝，于是莫森和默茨步行折返，不得不把剩下的雪橇狗宰了吃，最后只能自己拖着雪橇。默茨葬身于离基地 160 千米的地方，只剩莫森一人，缺乏食物身体十分虚弱，但只能独自挣扎。中途还有一场暴风雪肆虐而来，耽搁了一个星期，最终还是到达了大本营，然而探险船已经驶往北方过冬。艾德蒙·希拉里爵士将他的经历称为"最了不起的独自极地探险"。莫森著有《暴风之乡》(1915)，内容非常写实，但不幸的是，当时人们都在悼念斯科特，这本书后来又被湮没在第一次世界大战中。

第四位"英雄人物"是欧内斯特·沙克尔顿，他曾两次远征南极，但都未能成为第一个踏上南极极点的人，在这之后他的目标变为经过南极极点穿越南极洲，成为另一个"第一人"。尽管他做好了万全准备，最终还是因为天气恶劣失败了，他的船"持久"号在威德尔海被冻住了，寸步难行，于是沙克尔顿领导部下展开了英勇的自救行动，他们坐着一艘救生艇穿越了冰山，又穿越了南乔治亚岛的山脉，最终到达挪威古利德维肯的捕鲸站寻求帮助。

美国探险家理查德·伊夫林·伯德的探险经历与"英雄时代"的南极探险经历截然不同。1928 年至 1930 年，他进行了第一次探险，用上了飞机、航空照相机、雪地摩托和精密的通信设备，完成了大规模的空中测绘与研究工作、气象观测和地质勘测。第二次探险是在 1933 年到 1935 年，目的是观测内陆的气象。当时博林前进基地的气象站建在距内陆 180 千米的罗斯冰架上，但是伯德选择独自一人待在一间面积 13.5 平方米的小屋里，记录气象变化并观测极光，在南极的寒冬里一待就是四个半月。受到梭罗在瓦尔登湖的隐居生活启发，伯德也希望能够"长久地品味和平、宁静和独处的时光，感受这种生活有多好"。在这期间，他还阅读了大量书籍，学习音乐和哲学。伯德留下了大量统计资料，他后来还创作了一部经典文学著作——《独自一人》（1938），书中不仅描写了极光壮观的景象，还描述了他在南极独处的这几个月里内心的变化。伯德在那儿感受到了宇宙的和谐，感受到了无处不在的智慧，他相信人类的出现并非偶然，他说人类与树木、山脉、极光和星星一样，是宇宙的一部分。然而不久后，因为取暖用的燃油炉故障，一氧化碳聚集导致伯德中毒，他变得越来越虚弱，陷入了沮丧和绝望之中。支援团队担心伯德有生命危险，派出了救援队，但在这之后多年里，他一直不承认自己被救，因为他认为这是自己失败的证据。

　　这些探险家来到南极洲记录下的感受非常相似。摆脱了社会的限制和规训后，他们得到了渴望的自由，对南行途中见到的高耸的冰山等雄伟壮观的景象感到无比敬畏，他们怀着兴奋之情来到这里，渴望征服自然，向世界证明自己。一开始他们对这种在冰雪之中、与世隔绝的生活充满了浪漫的想象，但到头来旅途变得单调而乏味，甚至让他们感到忧郁痛苦。1911 年至 1914 年，查尔斯·雷瑟伦跟随莫森远征探险，当他见到这冰天雪地时，他感到无比失望，他写道：

> "我讨厌这冰冷的高原，它压抑着我，这片土地太大了，根本看不到尽头，日复一日见到的都是白茫茫的一片，无尽荒凉和死寂。除我们外，没有任何活着的生物，一切都令人反感。躲进帐篷后终于看到了一隅的边际，也算是解脱了。"

彩色摄影问世后，人们看到了南极洲的壮丽景色，色彩斑斓的南极极光和变化无穷的冰雕给人们留下了深刻的印象，但那儿恶劣的生存环境仍然让人们望而生畏。南极洲的地理环境十分复杂，在那探险绝非易事。南极

海军少将理查德·伯德在1947年重新回到他的"小美洲2号"的旧址。他正在用玉米穗轴烟斗抽烟，烟草和烟斗都是1935年留在集中营里的。这张照片是在美国海军的"跳高行动"远征中拍摄的

偏雪脊，南极地区

洲的雪脊逶迤曲折，和沙质沙漠的沙丘一样由风蚀形成
且呈波浪状，雪脊平行于盛行风的风向，通常有几米高，
是探险旅途的一大难题。南极洲的暴风雪和沙尘暴一样，
一场暴风雪过后，地貌都发生了变化，找不到任何可辨
识的标志，很容易迷路。此外，远处冰原反射形成了强
烈刺眼的白光，就像沙漠热浪里的海市蜃楼一样让人感
到迷乱不安。危险的裂缝藏匿在雪或薄冰之下，若不慎
跌入，尸骨无寻。在这个白茫茫的世界里，人的感官被
剥夺了，一年里几乎看不到其他生命体，随之而来的是
严重的抑郁和痛苦。查尔斯·哈里森也是莫森探险队的

成员，他写道："这里是死亡之地……是存在了数百年的墓地，这里看起来是如此古老。"

尽管南极地区环境恶劣如此，但"英雄时代"的探险故事仍然激励着后来人。2007年，英裔澳大利亚冒险家和环境科学家蒂姆·贾维斯为了确认莫森在南极地区独自生存的故事是否真实，他还原了莫森1912年的探险，带着和当时一样少的物资，拖着雪橇走了500千米。和他同行的还有约翰·斯托尔卡洛，扮演着泽维尔·默茨的角色，他们一直走到了默茨去世的地方，之后贾维斯独自与绝望和沮丧做斗争，在暴风雪中继续前行，直到旅程的终点。

2013年1月23日，贾维斯和其他5人再次出发，乘坐着"亚历山德拉·沙克尔顿"号（沙克尔顿的救生艇"詹姆斯·卡尔德"号的复制品）还原了沙克尔顿从象岛穿越南大洋到南乔治亚岛的全程1300千米的求生之旅。上岸后，他和一名同伴在山间跋涉3天，穿过大片的雪地和陡峭的克林冰川，沿着几乎垂直的隘谷向下走，最后于2月10日到达了斯特罗姆内斯的旧捕鲸站。在两次探险中，贾维斯都只用了前人使用的材料和设备。人们问他为什么要进行如此危险的探险，贾维斯回答说，"为了挑战自我，更进一步地了解自我，了解前人都经历了些什么"。

探险家的足迹遍布热沙漠、冷沙漠、冰漠，他们带着各种各样的目的踏上了征程，或是出于探知科学的好

古斯塔夫·多雷，《所见唯冰雪》，为《古舟子咏》插画，1876年，木版画

奇心，或是出于挑战自我的信念，但也有人是为了感受大自然的力量和浩瀚。在这么多的冒险传记中，既有浪漫主义色彩的描写，也有哥特小说的元素。探险家们将他们强烈的体验记录下来，展现了在沙漠和冰天雪地旅行的独特魅力，同时也激发了作家和电影制作人的创作欲望，构建了我们想象中的沙漠。

第六章 想象的疆域

……死亡的安息之地，

不比那东方的沙漠温暖、深邃，

在那沙里藏着美和光明的信仰，

属于那前往撒马尔罕金色之旅的人。

——詹姆斯·劳尔劳埃·弗莱克

《撒马尔罕的金色之旅》(1913)

　　探险家和旅行者的故事着实令人着迷，但作家和电影制作人构建的沙漠给我们的印象更加深刻，想象中的沙漠更具吸引力。珀西·比希·雪莱的《奥兹曼迪亚斯》(1818)刻画了撒哈拉沙漠的恶劣环境，表达了对物种灭绝最深切的恐惧；弗莱克的《撒马尔罕的金色之旅》(1913)激起了人们对阿拉伯沙漠的无限向往；塞缪尔·柯勒律治在写《古舟子咏》(1798)时从未横渡英吉利海也从未远征南极洲，但他却写出了最动人的诗句。雪莱未见过拉美西斯二世巨型石像，但他依然写下了这首诗：

"有古国旅者向我说道，

只见巨石腿，不见巨像身，

屹立沙漠中，半面已沉沙，

破碎支离……唯见基座刻文，

‘吾乃万王之王奥兹曼迪亚斯：

伟绩丰功，无神能及！’

再无他物，唯见沉蚀残骸，

无边空旷里孤沙漫漫。"

柯勒律治从他的数学老师威廉·威尔士那里听说了这个故事，得到启发写下了这首诗。威廉·威尔士曾经是詹姆斯·库克船长的"决心"号船上的天文学家，当时这艘船航行到了南纬最高点，这里在当时是人们已经探险过的地方。柯勒律治写下《古舟子咏》前，曾读过许多探险家的冒险传记，他将前人探险的感触写进了他的作品，甚至沿用了他们的措辞，但《古舟子咏》读起来仍是别有一番风味，其中老水手雪国探险的情节有着独特的哥特式特征，诗中对"赴宴的宾客"的描写也深深地吸引了读者，也许诗人曾经接触过从那儿回来的人。诗中的老水手信手杀死了信天翁，不免令人震惊，但除此之外他在这个故事中非常被动，厄运发生在了他身上，甚至可以说是大自然的灾难发生在了他身上。在偌大的南极，冰是唯一具有动态的物体，它移动着，闪着光，还会发出可怕的声音，无处不在。

> "冰山高如墙，经由船旁过，
> 绿如翡翠，穿过积雪的山崖，
> 光芒惨淡。……
> 这儿是冰，那儿是冰，
> 所见皆是冰雪。
> 冰石崩裂，咆哮着，呼啸着，
> 犹如昏厥时铺天盖地的巨响！"

　　小说和电影中各种各样的沙漠构建起了西方人对沙漠的想象。在小说和影视作品中，沙漠代表着极端的生存环境，代表着避世独处、自省的地方，或者是人们对文明社会绝望时所去之处。来到沙漠，人们远离了所熟悉的环境，这种疏离让人感到恐惧，带给人不祥的预感，正如弗莱克的诗歌《东门看守者之歌》所说，"大马士革沙漠之门是命运之门，荒漠之门，灾难之洞，恐惧之塞"。在这里你也许会展开一段英雄之旅，兴许你还能看到幻象。小说中的场景是建立在探险家们对地形的描述上的，然而探险家和旅行家们不免会为自己的失败或无力辩解并归咎于环境，为让作品更加迎合大众在其中添枝加叶，结果小说把这些记述当成了事实，把沙漠描述成极其恶劣的地方和人们极力对抗的环境。即使到了现在，作家们也很少把沙漠作为主题，它是反派角色，是人类和文明以外的他者。

接下来我们将探讨人们描述沙漠时的四种既成的概念：冒险与传奇、认同感、哥特式、精神顿悟。

冒险与传奇

生存于沙漠就像游走在生命的边缘线，死亡在那里等待着旅行者，人们也许会受到野生动物或强盗袭击当场死亡，又或者直接暴露在残酷恶劣的环境中生不如死。在沙漠中，人们会遇到高温天气，干渴难耐，或者南极洲碰上极寒天气，旅行者们随时都可能迷路，迷失在沙暴或暴雪中，人们必须绞尽脑汁才能生存下来。除此之外，沙漠旅行还会带来精神上的煎熬，人们会感到精神匮乏、孤独、面临死亡时的恐惧，但也会是一个发现自我的过程。

英国第一部关于沙漠的冒险小说是亨利·莱特·哈葛德的《所罗门王的宝藏》(1885)，奠定了"失落的世界"这一题材所必需的元素：一张地图、沙漠穿越、危险的山脉、失落的文明、强盗袭击。哈葛德在为虚构种族的冒险设定故事场景时花了很多心思，费了很大的劲才找到所谓"精确到令人发指的地图上找不到的地方"。为了取景，他常年住在非洲，而后来的作家们取景时去的是澳大利亚中部和南极洲。

人们开始通过文学作品了解到世界上的各种沙漠，但一直以来欧洲人想象中的沙漠都是以撒哈拉沙漠为雏形的，一部分原因是，撒哈拉沙漠曾经是很长一段时间以来他们唯一知道的沙漠，还有一部分原因是撒哈拉沙漠拥有悠久的文化历史。珀西瓦尔·克里斯托弗·雷恩的畅销书《壮烈千秋》（1924）主要以法属北非为背景，讲述了英国贵族三兄弟出于忠诚、荣誉感和自我奉献精神加入了法国外籍军团一同冒险的故事。小说中的人物在这场冒险中遇到的困难与其说是源于沙漠，不如说是由人类造成的叛变、逃亡等一系列戏剧性的事件，其中还包括攻击被困海湾的图阿雷格人的情节，在这一情节中，图阿雷格人被两名幸存的欧洲人困在海湾，欧洲人把尸体堵在堡垒的射击孔，并躲在尸体后向图阿雷格人开火。所以在这本书中，沙漠并没有被传奇化，而是被描写成了荒凉、艰苦的环境，只是这个环境激发了英国人的斗志和毅力。在故事里的指挥官看来，沙漠是这样的：

> "沙漠上不存在美，观者也不觉美。沙漠只见沙、石、科伦吉亚蒺藜草、塔福沙灌木、长柄的细长豆荚、沙漠的黄色……整个哈马丹上风在咆哮，可怕的风把撒哈拉沙漠的沙尘吹到了160千米外的海面上……进入了眼睛、肺、皮肤毛孔、鼻子和喉咙……在这里，生活就是负担和诅咒。"

1926年、1939年、1966年和1982年出现了《壮烈千秋》的电影版和电视版，由此可以看出这部冒险故事持续受到人们追捧。

20世纪20年代，撒哈拉沙漠也成为阿拉伯叛军冒险故事的背景，他们英勇对抗欧洲殖民者，被人们称作英雄。许多作品便是来自这一时期，比如龙白克和汉默斯坦的歌剧《沙漠之歌》（1926），取材于1925年在摩洛哥爆发的反对法国侵略者的起义。这部歌剧和当时出现的由好莱坞明星鲁道夫·瓦伦蒂诺主演的两部无声电影里的场景、服化道等极为相似，分别是《沙漠情酋》（1921）和《酋长的儿子》（1926），三部作品里都有非常典型的东方沙漠、异国情调的服装、贝都因骑士等。

诺贝尔文学奖得主让-马里·古斯塔夫·勒克莱齐奥在《沙漠》（1980）一书中写出了殖民对沙漠原住民生活的侵害。图阿雷格人受殖民压迫变得无家可归，不得不穿过撒哈拉沙漠，无止境地沿着几乎看不到的道路前进，但却没有目的地。

"沙子在两边旋流，在骆驼的两腿之间陷下。沙尘卷起，鞭打着妇女的脸，妇女们扯下蓝色的面纱遮住眼睛……骆驼低吼着，狂打喷嚏，没有人知道队伍要去往哪里……

这里除了他们什么都没有，没有任何东西，没有任何人。他们出生在沙漠，除了走这条路他们别无选择……他们像沙漠一样一直沉默着，被太阳炙烤着……到了夜晚，和星星一起受冻……

路线成了闭环，人们总是绕着越来越小的圈子最后回到出发点。这是一条没有尽头的路，路程比人生命还要长。"

安托万·德·圣-埃克苏佩里的《风、沙和星辰》（1939）与上述虚构的小说不同，是根据作者真实的冒险经历改编的。圣-埃克苏佩里是法国航空公司的飞行员，他和他的领航员曾经在执行任务时在班加西和开罗之间的撒哈拉沙漠地区紧急迫降，他们日日夜夜都在寻找水源，差点渴死在沙漠中，所幸最后被贝都因人救起。尽管这次探险充满了危险和困难，圣-埃克苏佩里认为他在沙漠中体验到了从未有过的快乐，产生了生活于自然的美好愿望。

"我躺在那里思考着我的处境，我在沙漠中迷了路，完全暴露在天空之下，沙子之上，身处于危险之中……我只不过是一个凡人，迷失在沙子和众星之间，还能呼吸是我唯一的幸运……

……这片沙海吞没了我。它充满了神秘和危险，笼罩着寂静这不是虚无的寂静，而是充满阴谋的寂静，是暴风雨前的寂静……有一样东西使我着了魔，半隐半现、完全不为人知的东西。"

以埃及撒哈拉沙漠为背景的冒险电影通常会加入古老的传说，以此来表现沙漠的神秘和危险。《夺宝奇兵》

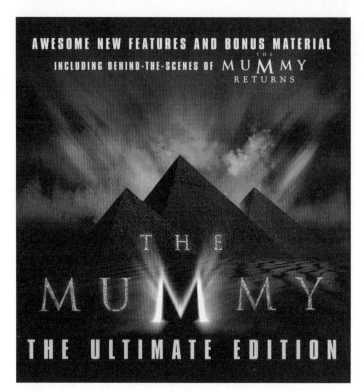

《木乃伊》的海报
（导演，斯蒂芬・索
莫斯，1999 年）

（1981）便是一个例子。这部电影讲述了对抗纳粹势力争
夺约柜的冒险故事，传说中约柜有着最强大的力量，得
约柜者便可得天下。《木乃伊》（1999）翻拍自 1932 年波
利斯・卡洛夫的同名电影，这部电影也加入了古埃及亡
灵的传说，落在反派身上的古老诅咒便是其中之一。在
电影中还可以找到贝都因部落突袭的情节，以及食肉圣
甲虫和复活的木乃伊英霍蒂普，影片把沙漠刻画成了一
个危机四伏的地方。即使是最简单的情节，只要加上了
特效，就可以变成一部大片。《木乃伊》一连拍了四部续
集，影片中不乏蝎子王、蝎子洞、豹头人身神阿努比斯

等镜头。在上述电影和《撒哈拉》（2005）中，情节内容与遥远的过去有着微妙的联系，电影中还加入了传说和魔法元素，其中贝都因人给观众留下了深刻的印象，所有这些都是为了表现大自然里暗藏的危机。

电影中也经常会出现沙漠里的古城，比如纳巴泰王国的佩特拉，这座古城与世隔绝，整座城市是在阿拉伯谷的岩壁上开凿出来的。《夺宝奇兵3：圣战奇兵》（1989）的高潮情节中通往藏有圣杯的圣殿入口的"宝库"便是佩特拉城中的宝库。在《变形金刚4：堕落者的复仇》（2009）中，隐藏的"领导者"之墓取景于佩特拉修道院。佩特拉古城就像金字塔、狮身人面像一样都是人们所熟知的场景，这些元素成为沙漠的代名词，通常电影制作人会使用这些元素来指代沙漠场景，不会直接在沙漠取景，因为沙漠本身没有太多的特征。

在许多影片中沙漠也是英雄人物诞生或没落之地。最著名的例子是大卫·里恩的奥斯卡获奖电影《阿拉伯的劳伦斯》（1962），该片向我们展现了一位现实生活中的人参与死亡冒险的心路历程，主人公是一位英国特工，他潜入阿拉伯化身为当地人。在里恩的电影中，他将纳福德沙漠塑造成了可怕恐怖的地方，连贝都因人也不愿靠近的世界上最恶劣的沙漠，沙漠本身被赋予了各种特性，可以说沙漠也是影片里的一个角色。影片中，部分场景可以看到红色的沙子和金字塔状的黑色岩石，而其他场景完全都是稻黄色的沙子，被风吹成了刀口形的流沙，到处都是沙漠，贝都因人在大漠中骑着马，脸上紧紧地裹着面纱，只露出眼睛。同样是在沙漠这个场景，原本没有取得人们信任的二等兵劳伦斯最后变成了人们心目中的英雄。劳伦斯被派去探测费萨尔亲王和土耳其战争的情报，当他接到这个任务时，他惊呼，"这一定会很有趣"。阿拉伯事务局局长尖酸地讽刺道："世界上只有两种人以沙漠冒险为乐——贝都因人和神，而你，劳伦斯，两者都不是。"但劳伦斯证明了他两者都是，他在沙漠中骁勇善战，被贝都因人奉为"战士"，在他仰慕者眼中，他的地位介于神之下、人之上。故事中，劳伦斯穿着白色的丝质长袍，手持金匕首，独自在沙漠中骑着骆驼，作为部落王子领导着他的子民对抗敌人。他连夜穿越了内夫德沙漠，到达亚喀巴后，他发现一个同伴从骆驼上滑了下来消失在沙漠里。他不顾人们劝阻，冒着生命危险在白天折返营救同伴，此举赢得了贝都因人的忠诚。后来美国记者采访他，问到沙漠的魅力是什么时，他回答说，"沙漠很干净"。但劳伦斯也是一个反英雄式的人物。在沙漠中的冒险激起了他超人的勇气、毅力和对同伴的同情心，但沙漠也同样激发了他的"黑暗之心"，他摆脱了文明的束缚，在非人道的暴力和野蛮行为中得到了宣泄，以此为乐。当他看到同伴被处决时，他被激怒了，恣意杀戮土耳其人，连他的仰慕者都大为震惊。

　　沙漠中的战争和死亡在迈克尔·翁达杰的金布克奖获奖小说《英国病人》（1992）中再一次得到体现，这部小说后来在1996年被改编成了电影。尽管故事背景主要设定在意大利，但其中的倒叙场景设定在了第二次世界大战开始时的撒哈拉沙漠。从中可以看出，这位被烧得无法辨认的无名病人不是英国人，而是匈牙利伯爵拉兹洛·奥尔马西，他曾经进行了一项考古调查，和现实中的奥尔马西一样发现了苏拉旱谷古代时的游泳者洞穴。洞穴中的壁画描绘了田园诗般的场景，但洞穴外面的沙漠却成了悲剧和暴力发生的背景。奥尔马西情人的丈夫杰弗里·克利夫顿故意来撞毁他的飞机。克利夫顿不仅在事故中丧生了，他的妻子凯瑟琳也受了重伤，奥尔马西将凯瑟琳安顿在洞穴里，他自己在沙漠艰苦跋涉寻求帮助。他严重脱水，来到了当时被英国殖民的开罗，见到人们时他已经语无伦次了。最终当奥尔马西回到洞穴时，凯瑟琳已死于饥饿和脱水。小说中的倒叙直观地展现了沙漠的美丽和恐怖，令人印象深刻，在此之上又展现出了人际关系的复杂和战争的残酷。

　　我们现在说的公路电影源于流浪汉小说，这类小说着笔于主角旅程中的遭遇和冒险，故事背景也经常会被设定为沙漠。这些作品的内容通常是游牧民在废墟遗址短暂停留时发生的故事，在那里又再引出人们对过去发生的事的回忆。在今天的电影中，贝都因人不再生活在沙漠中，而是穿行于沙漠的沥青公路上，这沥青公路就象征着国家的财富。他们用骆驼换来了汽车，在城镇之间漫无目的地行驶，而当初他们的祖先为了寻找水源和贸易在绿洲之间也是这样毫无头绪地穿行。自从政府下令让贝都因人居住在城镇后，电影中关于这部分的描写从在沙漠生活变成了离开沙漠的旅程。影片中的人物在离开沙漠的路上经历了重重困难，遭遇了无数的挫折和无尽的迷路，很少有人能够到达目的地。他们代表着涌入世界各地的难民潮，尤其是在饱受战争蹂躏的中东地区的难民。在表现这种绝望的旅行的电影中，最经典的要数黎巴嫩公路电影《巴勒贝克》（2001）和伊拉克电影《巴格达 On/Off》（2002）。突尼斯电影制作人纳瑟·凯密尔在 1986 年的《沙漠里的流浪者》也展现出了类似的没有顺序的情节：一位学校老师被送到了一个偏远的沙漠村庄，那里的人们痴迷于寻宝，孩子们受到了诅咒在沙漠中四处游荡。奇怪的神话人物现身于村庄。孩子们被赶下了迷宫般的地下通道，老师消失了。人们莫名其妙地被冲上了沙漠之舟。这些情节一个个地展开，突尼斯沙漠这个背景设定就如同海市蜃楼，而所有这些不合逻辑的情节更迭在这个背景下变得合理了。凯密尔说到，沙漠本身就是一个角色。

在维姆·文德斯执导的经典沙漠公路电影《巴黎、德州》（1984）中，主角特拉维斯·亨德森走出了公路，走进了得克萨斯南部一望无际的沙漠，他不仅迷了路、丧失了言语能力，还迷失了自我。他赶走了妻子简，抛弃了儿子，到了沙漠中，试图抹除自己的人格。然而他的哥哥找到了他并把他带回了家，让他和儿子团聚，两人又出发去找简，亨德森也重新回到母亲的身边。但最后他独自驾车离开了，成了永远的流浪者，没有人知道他的目的地。在这些电影中，沙漠连接起了没有明显逻辑联系的情节，在沙漠这个背景下，所有情节都说得通了。

认同感

北美和澳大利亚的殖民者最初认为大陆的中心是肥沃的土地、绝不可能是沙漠，但随着时间推移，他们还是接受了这个事实，并把沙漠当成了他们的一部分。北美的殖民者们曾经在西南部的荒野中过着十分艰难的生活，他们发现在这片贫瘠的土地上找不到任何的好处。后来机械化时代到来，科技飞速发展，人们可以方便地进出沙漠，再后来城市人口过密，相比之下，沙漠人烟稀少，人们才开始把目光转向美国的沙漠，才开始发现沙漠的审美价值。第一个把沙漠审美写进作品的是约翰·冯·戴克，他是一名患有哮喘的艺术史学家和评论家，为了自己的健康，他常年在沙漠生活。他在《沙漠》1901 中描述了加利福尼亚沙漠和亚利桑那沙漠的景象，自此人们开始了对沙漠的审美发生了变化。他写道："那雄伟，那不灭的力量，那广袤混沌的诗意，那孤寂的崇高……一道色彩斑斓的风景线，一道梦幻般的风景线。"

西部片中体现了后来人对拓荒者时代的怀念，西部片有着理想化的特点，展现了人的勇气、智谋以及个人主义，这些特征融入了美国人的个性中。传统西部片是描写旧西部生活的浪漫故事，但这很快就成了所谓民族主义和美国"天定命运"的载体，歌颂了工业化时代前拓荒者们的勇敢和自由。流浪的牛仔和枪手成了西部片的典型元素，就像沙漠电影里的游牧民一样，只不过前者骑的是马，后者骑着骆驼穿梭于绿洲小镇或者牧场之间；前者戴着的是斯泰森毡帽，后者戴着头巾，穿梭于极简主义城镇的绿洲或牧场之间。在西部片中，沙漠代表着危险的地方，景色荒凉，时有亡命之徒。故事情节通常围绕维护法律与秩序、伸张正义展开，最初的西部片中威胁和平稳定的反派是印第安人，到后来变成了边境南部过来的土匪。

第一部（无声的）西部片是《大篷车》(1923)，影片表现拓荒者的冒险精神。故事中，拓荒者的马车队向西行进，一路上遇到了洪水泛滥、草原大火、印第安人

在亚利桑那州和犹他州之间观看纪念碑谷也是约翰·福特许多西部片的背景设定

袭击、牛群踩踏等危险。西部片除了有大量的动作场景，还有非常壮丽的大漠风光。约翰·福特是最著名的西部片导演之一，他最喜欢的场景是沙漠国家纪念碑山谷壮观的红色台地和孤山，一代又一代的人们在想象美国西部时都会不由自主地联想到纪念碑山谷，福特说，"在我拍的西部片中，真正的主角一直是这片土地"。

在沿海定居的绝大多数人从未去过澳大利亚中部的沙漠，但是许多作品将这里设定为背景发生地，吸引了无数读者追捧，小说中的英雄冒险故事更是加强了人们的国家认同感。在 19 世纪 80 年代和 90 年代，冒险故事的背景几乎都设定在了沙漠，在这些非凡奇事中，年轻的主人公代表着他们英勇无畏的民族，他们征服新土地，发现隐

藏的金矿，对抗食人族部落，或是偶然发现探险家消失的秘密，其中探险家的角色正是以路德维希·莱卡特为原型塑造的。这些虚构的英雄形象塑造得非常成功，再现了一个世纪以前探险家失败的历史，尤其刻画了胆小的、没落的英国人物形象。莱特·哈格德的小说在那个年代大受欢迎，后来人纷纷效仿了其中意外发现金礁、金山的情节，一度成为最热门的主题，这同时也建立在移民们梦想一夜暴富的现实之上。在这些小说中，沙漠给人们带来了挑战，沙漠赋予了场景多样变化的可能性。

1901 年澳大利亚从英国殖民下独立后，新的民族乐观主义注入了描写澳洲沙漠的作品中。在那个时期，没有了殖民迫害，人类智慧和技术面临的新挑战同时也是沙漠面临的唯一的危险——自流水将会把沙漠转变为肥沃的农牧之地。20 世纪 40 年代，内陆沙漠第一次出现在电影中，是其中荒凉而又壮观的场景，为澳大利亚的英雄故事提供了背景。《长途跋涉者》（1946）改编自真实事件，曾经人们为了对抗日本侵略者，赶着澳大利亚西部的牛群走过 2400 千米一直到昆士兰州，为澳大利亚军队提供食物来源。穿越沙漠除了要解决饥渴这一难题，还要提防鳄鱼出没的河流和牲畜踩踏。与此类似的情节出现在了巴兹·鲁赫曼的史诗级大片《澳洲》（2008）中，影片同样讲述了当时日本空袭时，牧民驱赶着 1500 头牛穿越沙漠，走到达尔文将牲畜卖给军队的故事。历史学家查尔斯·埃德温·伍德罗·比恩在 1911 年写道："在这个神秘的半沙漠国家，人们必须像男人一样强壮才能生存下来。"在这一时期也出现了其他平民角色，诸如穿越在辛普森沙漠乌德纳达塔路上的邮差、在沙漠中驻扎帮助当地人的老黛西·贝茨，这些角色取代了探险者成为民族英雄，甚至成为澳大利亚城市人向往的模样。

而在南极洲，南极探险竞赛给优胜国家人民带来了种族优越感，将各国人的民族主义体现得淋漓尽致。自那以后各国签订了《南极条约》，不少国家提出了在南极洲的领土主张，各种形式的竞争仍在继续。南极洲被称为"最后的荒原"，除字面意思，这个概念表达的是，我们既要征服这片大陆，又要保持其原始状态。

在南极洲，探险家仍然是主流作家关注的焦点。斯科特是其中非常有争议的人物，他在南极探险竞赛中仅名列第二，整个团队都在返程的路上丧生了。从这一形象中能够挖掘出许多的主题，如探究冒险的动机、冒险的心路历程、人的自我认知之旅等。斯科特的最后一次探险成为人类思考和文学作品的一大主题，道格拉斯·斯图尔特的戏剧诗《雪上之火》(1944)直接探讨了斯科特的这一次探险，而在托马斯·肯尼利的小说《幸存者》(1969)和《奥罗拉的牺牲品》(1977)中，也只是稍加虚构写成了小说。在一类作品中，南极恶劣的环境造就了英雄探险家，但与此相矛盾的是，如果没有这些英雄，南极这个背景就没有存在的合理性。作家们用了悲剧的反讽来塑造这些探险家，读者知道结局，但这些故事里垂死挣扎的角色却不知道他们面临的是什么。

沙漠也同样是一个高度"性别化"（或"性别类型化"）的空间。女性很少会出现在这些地方，甚至很少被提及。这种"性别化"在沙漠神话中也有体现，妇女不能忍受这种煎熬，她们不能被恶劣的大自然或者强盗侵害。如今，尽管南极洲的女性科学家日益增多，但部分人认为她们仍然受到边缘化。厄休拉·勒·奎恩的短篇小说《苏尔》（1982）从女权主义的角度、以诙谐的语气批判了欧洲人主导的征服史和探险家对"第一"的痴迷。在她的虚构小说中，南美女性探险队比阿蒙森早了两年到达极点，她们之所以会成功，很大程度上是因为她们前期准备到位、治家有方、和谐相处，但她们并不张扬自己的成就，只因为她们的目的仅是去看看，别无他想。正如作者所说："我们没有在那里留下任何痕迹，因为如果某位渴望成为'第一人'的探险家来到了这里，看到了这些痕迹，他会发现自己是多么愚蠢，为此伤透了心。"

哥特式

通常，"哥特"一词常与无端的暴力、迷信、在祖宅中被囚禁等联系在一起，乍一看，"哥特"这个词似乎与空旷的沙漠毫无关系。然而，在现代心理剧中，沙漠和哥特之间有着强烈且显著的相似之处，在哥特式剧中，沙漠代表着内心的恐惧。在沙漠生存就好比受禁于高墙之下，那种与世隔绝的孤立感是极其可怕的，在沙漠感受到的炎热、口渴、内心的凄凉就好像贵族暴君的专横一样压迫着人的灵魂。猛烈、不可预测的沙尘暴在几分钟内便能抹去所有的地貌，其哥特式的恐怖也不言而喻，幽灵的幻影不时会出现在海市蜃楼中，沙漠的怪异、死寂和荒僻不由地激起微妙的超自然的感觉……后弗洛伊德时代将哥特式解读为受囚禁时心理的压抑和恐惧，这也是沙漠带给人的感受。无限的黑暗和虚无正如疏离、空虚带来的压抑和恐惧，又如那让灵魂颤抖的浩瀚和永恒。

曾经在一个世纪里，澳大利亚沙漠上的探险家频繁消失或死亡，民谣作家巴克罗夫特·波克（1866—1892）曾经写下了这些可怖的句子：

"棕色的夏天和死亡交织

那是死人躺的地方！

龇牙咧嘴的骷髅白得发亮，

在灌木丛下闪闪发光；

野狗每晚齐声嘹唉，

那是死人躺的地方！"

澳大利亚的沙漠经常被电影制作人设定为恐怖和疯狂情节的发生地，仿佛自然的危险还不足够恶劣。在乔治·米勒《疯狂的麦克斯》三部曲中，核战争后的世界设定在了沙漠，那场没有规则的生存之战，让人毫无防御

可言。这种在沙漠上展开的绝望的生死角逐是对现实的嘲弄，影片讽刺了人们的刻板印象，孤独的战士主角麦克斯破坏了文明规范，超越了时间的限制，围绕该人物展开的情节内容极其出彩。在这个达尔文式的斗争中，法则和惩罚是由命运之轮（即人类进化的偶然事件）决定的。人们沉迷于燃料争夺战中，帮派飞车厮杀，人类回归原始时代。影片中，野孩子每晚都会讲述过去的事，在故事中他们将曾经拯救了他们的麦克斯奉为英雄，这正是在讽刺人们依赖于传奇英雄提振民族自信心的现实。《疯狂的麦克斯》系列电影——《疯狂的麦克斯》（1979）、《疯狂的麦克斯2》（1981）和《疯狂的麦克斯3》（1985）可以被视

《疯狂的麦克斯3》（导演乔治·米勒与乔治·奥格尔维，1985年）的海报，上面有疯狂的麦克斯，安特蒂姨娘和野孩子。原版剧场海报由理查德·阿姆泽尔所画

为怪异的后启示录类型的西部片，片中破旧的车辆代替了马，人们追求的变成了燃料，不再是黄金。但不同的是，故事充满了背叛和欺骗，却没有警长来维持秩序。

以澳大利亚沙漠为背景的最可怕的影片是克瑞格·麦克林恩的《鬼哭狼嚎》（2005），其内容改编自 2001 年发生在北领地的真实事件，情节与现实几乎完全贴合。故事有着公路电影典型的叙事元素——三个游客（两个年轻的女人和一个男人）从西向东横穿整个大陆。故事中，三位主人公绕道前往澳大利亚西部的狼溪，勘测一个重达 5 万吨的陨石形成的陨石坑，完成任务后，他们发现汽车无法启动。生活在当地的米克发现了他们，他提出把车拖到他的地方，帮他们修理汽车。然而，米克是个杀手，他折磨杀害了两个妇女，而男子逃脱了。他回去后，起初没有人

沃尔夫溪火山口

相信他，两名女子的尸体也并没有找到。在这样广阔偏远的沙漠地区，杀人狂可以轻易地逃脱追查。

全世界所有热沙漠地区都上演过政治斗争，在人们的想象中，南极洲成了唯一一个不受政治斗争干扰的沙漠大陆，是各国科研合作的共同土地，也是浮游生物和企鹅栖息的良性生态系统。然而，几乎所有小说作家都把南极洲描绘为混乱的甚至恐怖的地方。

在埃德加·爱伦·坡的哥特式小说《南塔基特亚瑟·戈登·皮姆的故事》（1837）和短篇小说《瓶中手稿》（1833）中，主人公的船都被冲向了南极。在前一本小说中，主人公皮姆撞入一个超自然的恐怖世界，那里有着"冰墙……就像宇宙的墙"，高耸的雾墙分开后把船带入其中，一个巨大白色的身影出现，小说就此戛然而止。《瓶中手稿》中也有类似的情节。叙述者的船被飓风击中，只有叙述者和一位同伴幸存下来。飓风将船吹向南边，与一艘黑色的大型帆船相撞，帆船也准备向南驶去，于是叙述者登上了这艘船前往南极洲。最后，船驶入了冰层的裂缝，陷入了巨大的漩涡，沉没了。留下来的只有叙述者的手稿，他将记述这段冒险经历的手稿装在瓶子里扔入海中，保存了下来。这些突兀、神奇的结局巧妙地暗示了事实与虚构、现实与超自然之间模糊的界限。爱伦·坡对船上生活的描写来源于现实，其中也不乏超自然的元素——可怕的幻影、驱使船南行的力量，结局悲惨而又神秘。这种现实与超自然的结合在《古舟子咏》也得到了体现，只是在爱伦·坡的故事中，主人公没有得到神的眷顾。

科幻小说作家也曾将南极洲写入小说，将南极洲写作地球上的"外太空"。进入南极洲几乎和进入太空一样困难，前往那里探险的人离开了社会，却仍面临着种种困难，强盗为了钚、铀、黄金和石油谋杀肆意抢劫，这里甚至还有外星人入侵。在约翰·伍德·坎贝尔的科幻小说《有谁去那里？》（1938）改编而成的三部电影中，有两部命名为《怪形》，影片中的科学伦理问题反复出现，引人深思。影片中一支南极探险队发现了一艘外星飞船，里面带有冰冻的生物，科学家们不知道应该解冻、忽略还是毁灭它们。最后，他们释放了一个怪形样本，它潜入研究站的狗和人体内，模仿他们，直到与原型无法区分。南极洲对于情节发展非常重要，虽然因为南极洲与其他大陆隔离，队伍无法得到外界支援，但最终遏制了威胁。影片中也出现了南极洲的暴风雪和乳白天空现象的场面，象征着外星生物的变形和怪形隐藏的面目。

南极洲幅员辽阔，地理位置极远，研究基地之间的距离可能超过1000千米，许多科幻片或者科幻小说也将背景设定在研究基地，围绕地下的非法活动和暴力展开。在惊悚小说《冰站》（1999）中，马修·雷利打破了科学界一直以来热爱和平、无私奉献的形象。小说中加入了雇佣兵的背叛、科学间谍活动等情节，说明了人类在南极洲不再是食物链的顶端。在谋杀悬疑电影《雪茫危机》（2009）中，也能看到科学家背叛、多重谋杀、争夺钻石原石等情节。而在大卫·史密斯的生态惊悚小说《冻结帧》（1992）中，人们在法国南极基地附近发现了铀矿，引发了一场暗杀，随后各国破坏了《南极矿物资源活动管制公约》，在南极洲计划开采矿产。

在部分科幻小说中，作者以热沙漠为原型，塑造极端的外太空环境。弗兰克·赫伯特的小说《沙丘》（1965）在 1985 年由大卫·林奇改编成了电影，故事背景设定在一个沙漠星球，这个星球的节水机制与地球上的极为相似，星球上的生物对一种来自沙漠的香料（对沙漠中石油的隐喻）产生了依赖甚至上瘾。在科幻电影《星际之门》（1994）中，在撒哈拉沙漠地区发现了一个古老的环形大门，这个星际之门打开了一个虫洞，通过时空旅行能够到达宇宙任何地方，除此之外，影片中刻画的文明社会与古埃及文明相类似。在这些例子中，我们已知沙漠存在的极端条件为我们的想象提供了一座桥梁，让我们能够探索设想一个未知的沙漠，在我们想象的沙漠中甚至会发生更加可怕的事情。

无限之感

在最早将沙漠与无限的概念联系在一起的现代作家中，有一位是法国 19 世纪的小说家皮埃尔·洛蒂，他以撰写浪漫冒险故事和异域游记而著称。1894 年，他踏上旅程，目的是找回他的信仰。虽然他最后没有达到这个目标，但他一连发表了三卷探险故事。第一卷是《沙漠》（1895），记录了历时两个月的行程，途经苏伊士经西奈山、阿拉伯沙漠，最后到达加沙。洛蒂写出了沙漠的寂静、无边和永恒，他写道：

> "沉醉在光和天地之间……即使只能呼吸，即使只是活着，你会陶醉于此。把耳朵交给沉寂，什么也听不见，没有鸟鸣，也没有飞蝇的嗡嗡声，因为这里不存在生命……
>
> "空间向四面展开，看得见的浩瀚让我们知道了何为荒原，但这也增加了我们的恐惧……你会有一种错觉，仿佛在这里人与宇宙时空结合在了一起。"

除沙漠环境外，沙漠精神之旅也值得我们探讨。1910年，英国生物学家埃里奥特·洛夫古德·格兰特·沃森独自在西澳大利亚沙漠待了6个月，随后加入拉德克利夫-布朗人类学探险队，研究澳大利亚西北部的文化。他在沙漠中感到了强烈的孤独，由此催生了6部小说，展现了欧洲探险者的精神世界中西方文明和自然（以沙漠为代表）的对立冲突。在小说《沙漠地平线》（1923）和《恶魔》（1925）中，两个主人公在沙漠探险途中，对沙漠既有迷恋之情，也产生了恐惧，再现了沃森的内心挣扎。对于小说主人公来说，这种浩瀚和虚无给人一种震慑，而对沃森来说，这是沙漠的馈赠，让人们放弃了物质财富，引领人们走向精神的启蒙，与沙漠建立某种密切的联系。

　　兰多夫·斯托的小说《托玛琳》(1963) 以西澳大利亚一个虚构的沙漠小镇为背景，以一段催眠般的描述开篇，将沙漠与年代感、浩瀚和荒芜写在了一起：

> 　　"没有比这更古老的土地了，这里没有生气，满眼都是红色和贫瘠，山脉支离零落，平坦而又干涸。虽然长有蓟刺，但是又干又黄，树木稀少，树也没有了树的模样，只是残败的草丛，叶子变成了针，直接从根部四散开来，枝叶稀疏。"

　　道家经典著作《道德经》对斯托影响深远，在斯托的《托玛琳》中认为，沙漠毁灭了其他一切地貌，这些受到沙漠威胁不断变化的地貌就象征着变幻无穷的万物。其结尾强而有力——沙尘暴来临，彻底毁灭了托玛琳小镇。叙述者的身份认同不断地在变化，和结局一起展现了道教的这一核心原则——"地与道合一"。小说中的词句也像事物发展一样不断地流动和重复着。

> 　　"一切都在流动，虚无缥缈。方尖碑和旅馆出现在灰尘中，一瞬间，又消融不见了⋯⋯
>
> 　　"（走在这里）像是在游泳，在洪水泛滥的河水中游泳。洪水进入了我的肺，我快要淹死了⋯⋯这里什么都没有，红色洪水淹没了整个世界，只有我

在其中挣扎着……这就是世界末日。"

帕特里克·怀特的小说《沃斯》(1957)像《托玛琳》一样叙述十分有力，围绕着心理斗争、精神探索和自我揭示展开叙述怀特将澳大利亚沙漠描述成了竞技场。怀特故事中的主人公约翰·乌利齐·沃斯的人物塑造灵感部分来自19世纪沙漠探险家路德维希·莱卡特和爱德华·约翰·艾尔。小说中，主人公最初从一种理性的、客观的角度出发企图征服沙漠，并且将这种理性奉为绝对正确，最终达到了原住民对这片土地的认知层次。当沃斯离开劳拉·特里维廉时，特里维廉感到沃斯对沙漠的迷恋。沙漠对于沃斯来说是自我延伸，曾说道："你是如此孤立，所以你才会被沙漠的景色所吸引，在那里你会惊喜地发现……一切都只为你一人而存在。"但在生命的最后一刻，在被失意的人斩首之际，沃斯终于在尘土之中变得谦卑了，最终接受了劳拉希望他接受的信念。

这些小说主人公的沙漠探险不仅仅是探险，更是内心之旅。离开了安全熟悉的世界后，来到了一个段义孚先生所说的"浩瀚的、强大的、冷漠的（世界）"，即使人们曾经对这个世界产生过迷恋，但是只要在这里失去了自我，便意味着死亡。正如怀特所说，"在沙漠和冰原探险的人爱上了它的壮丽，也爱上了死亡"。在沃斯临死之际，劳拉说道："探险从来都不需要理性，真正的智慧超脱于地图，来自精神国度的磨炼，来自死亡。"

第七章　西方艺术中的沙漠

这些画里的不是南极洲，因为不可能有人画过南极洲，但这些场景确实感觉像那儿……没有地标，没有树木，没有建筑物，也没有人，一切都是分形的，无论是整体还是部分都是相同的，没有边际……你看到了一切，却对这一切一无所知。

——克里斯蒂安·克莱尔·罗伯逊

沙漠传统民族的艺术描绘的内容多为土地的神灵或者造物者，而西方的沙漠艺术与此截然不同，西方的艺术家们更注重视觉体验和客观世界，艺术家们通过透视画法将实景缩放，直观地呈现在画面上，在他们的作品中可以看到天空的一部分，垂直于地平线，在地面上画有地貌、人群和物体。自文艺复兴以来，西方艺术推崇写实主义，但这无法表现出沙漠中无形的东西。这个时期的画作比较没有特色，把现实场景刻画得十分清楚和直白，但其中运用的透视手法，把远处的物体带到了眼前，颠覆了传统的视角和景观构图方法。

这一章探讨的艺术主要与北非和中东、北美、澳大利亚、南极洲这四个地区的沙漠有关，西方的艺术家们对这些地区非常陌生，因此在创作过程中，他们需要创造出新的绘画技法，在某些情况下，更需要用新的视角观察事物。

与北非和中东有关的沙漠艺术

20 世纪以前，欧洲人认为沙漠在北非和中东，这些地区有着古老而神圣的文明。许多景观被赋予了丰富的文化内涵，对艺术家来说并不是最大的挑战。标志性建筑如金字塔和狮身人面像等拔地而起，其三维立体结构在视觉上极具吸引力。此外，艺术家在创作时多加入了同一时代民族人物或者是历史人物形象。

1812 年，伯克哈特去佩特拉探险，1814 年去了麦加，当时关于他的报道引起了广泛关注，苏格兰画家大卫·罗伯茨抓住了大众的关注点，也踏上了沙漠征程。1838 年，他花光了全部积蓄去埃及旅行。随后，他带着随从们骑着骆驼穿过西奈沙漠，来到圣凯瑟琳修道院，又从那里去了耶路撒冷，一路经过亚喀巴和佩特拉。罗伯茨画了佩特拉这座壮丽的古城，西方人通过他的素描第一次见到了这座城市。得到了人们的关注后，他把虚构的元素加进了画作，比如在岩石下藏着王室陵墓，为了凸显修道院遗世独立的感觉，故意把山画得歪斜。他的作品集大都以平版画的形式出版，广受好评，并且利润可观。他的画作将这些地方说不出的贫瘠带到了世人眼前，人们从他的画中第一次了解到了这些地方。在《西奈山之景》（1839）的构图中，背景是尖耸的山峰，前景则是他的车队，其中圣凯瑟琳修道院独立于画面中，孤独感极为强烈。修道院没有门，只能通过绳索上的篮子到9米高的开口处。

1798年至1801年，拿破仑在埃及的军事远征同时也是一场科学文化远征之旅。他发现的战利品成为博物馆的藏品，方尖碑、埃及柱和狮身人面像面世，受到了当时建筑家的复制，埃及绘画作品盛行一时，特别是法国的让-里奥·杰洛姆、欧仁·德拉克洛瓦和西奥多·杰利柯三位画家贡献了非常多的画作。杰洛姆的《俄狄浦斯》（又称《拿破仑在埃及》，1867—1868），展现了拿破仑独自骑着马在沙漠荒地上与狮身人面像对峙的场面，赞扬了拿破仑的英勇无畏，但也巧妙地暗示了这片广阔的沙漠是帝国无法征服的大地。

埃及和摩洛哥有着明亮的光线和强烈的色彩，到访的欧洲艺术家们无不为之震撼。当时最受欢迎的题材包括金字塔、狮身人面像、萨达那帕拉国王、埃及艳后等历史人物。艺术家们怀着刻画真实场景的热情，开始向中东和埃及等地进发。1894年，在巴黎沙龙展出了350幅由迪索创作的水彩画，在当时引起了巨大的轰动，受到了人们景仰。这些画作在1896年被刊登，1900年被布

詹姆斯·提索，《三博士东征》，1886—1894，布面油画

鲁克林博物馆买下。迪索将真实性和戏剧性结合在了一起，创作出了《三博士东征》(1886—1894)，画面中三个身穿金袍的人骑着骆驼走在碎石地上，直面画面，后面跟着一群骆驼、随从，走在贫瘠的稻黄色山丘之间的隘路上。

　　沙漠的神秘以及沙漠元素的象征意义也是其他艺术家的灵感来源。美国的埃利胡·维达于1863年创作了《狮身人面像的发问者》，画面上发问者跪在地上，他的耳朵贴在狮身人面像的嘴巴上，像是在等待着答案，地面上散落着头骨和古老的破碎的石柱。古斯塔夫·阿奇·吉劳梅特的《撒哈拉沙漠的晚祷》(1863)画的是一群贝都因人跪在黑色帐篷外祈祷，但他后来的作品《撒哈拉沙漠》(1867)并没有沿用这种简单的写实手法。在《撒哈拉沙漠》这幅作品中，一群骑着骆驼的人走在平坦的地平线上，在热浪中几乎看不出人样，他们正朝着位于前景的骆驼尸体走去。这幅画暗示了这样一个问题：这种结局在沙漠中是否无可避免？

　　英国艺术家威廉·霍尔曼·亨特是拉斐尔前派的成员之一，在他的画作中也能看到自然与宗教的联系。他的标志性作品是《替罪羊》(1854—1858)，在创作这幅画的时候，他和他从英国带来的山羊在死海旁待了数周，一手拿画笔，一手拿着枪。《替罪羊》构图的前景是腐烂的植物和动物的骨头，散落在地上，这些现实主义的元素受到许多批判，他们认为这幅画有种讽喻的意味，特

埃利胡·维达，《狮身人面像的发问者》，1863 年，布面油画

威廉·霍尔曼·
亨特，《替罪羊》，
1854—1856 年，
布面油画

　　别是画中的替罪山羊。在那个时期，巴勒斯坦战乱频繁，欧洲艺术家和作家普遍对巴勒斯坦这个地方感到失望。爱德华·李尔写道："这是一场梦魇，充斥着肮脏和污秽、喧嚣与不安、仇恨、恶意和无情。"画家们的注意力转向了以埃及为背景，埃及那极为壮观、极富戏剧性的景象以及许多最新出土的考古发现都为艺术家们带来了源源不断的灵感。

　　艺术家们的关注点很少在沙漠本身上，相反他们把沙漠作为故事发生的背景或者建筑的背景。画家们把注意力放在了当地人、纪念碑上，却没有把沙漠的荒凉感表现出来，这是最重要的。西方人曾经认为空旷的沙漠是画不出来的。到了 20 世纪，艺术家们开始用新的视角看待事物，但到那时，除澳大利亚的乔治·兰伯特等少数几位战地画家外，其他艺术家们普遍对埃及和巴勒斯坦失去了兴趣，他们认为没有必要回溯这段历史。

与北美沙漠有关的艺术

1848 年，墨西哥战争结束，北美的艺术家们才开始涉足沙漠。当时，政府派了一支勘测队重新划定国境边界，画家亨利·契弗·普拉特也跟着去了。他的全景油画《希拉河旁马里科帕山之下》(1855)沿用了透视画法，画中远处是山景，中景是一片广阔的大地，一个开花的巨大仙人掌直面画面。在中景衬托下一支箭朝下插在仙人掌上，非常不显眼。人们一开始看到这幅画时感到惊讶，甚至难以置信，他们从未想过沙漠国家竟有如此巨大的多肉植物。因为这幅画展现了这个国家雄伟壮观的风景、无边的平原和高耸的植物。

20 世纪初到 20 世纪 50 年代，数百名艺术家涌入加

亨利·契弗·普拉特，《从希拉河观看马里科帕山的景色》，1855 年，布面油画

州的沙漠取材，将沙丘和当地的圆柱仙人掌作为作品的题材。20世纪20年代，詹姆斯·斯温纳顿游历美国西南部各州，创作了许多作品，描绘了加利福尼亚州、亚利桑那州和新墨西哥州的沙漠景观。他画下了北美四大沙漠的干燥荒原，孤独而荒凉，广阔的天空神秘而又迷人，天空之下孤峰傲然屹立。与斯温纳顿同一时代的康拉德·巴夫描绘了锡安国家公园的风景，用鲜艳的色彩和平滑的笔触画出了几何色块，颇有立体派的味道。

美国最著名的沙漠艺术家要数乔治亚·欧姬芙。从1929年开始，她每年都会到新墨西哥创作，到1949年，她被那儿蜿蜒的沙漠山脉所吸引，直接在那里定居了。她说："正是那坐落在红色的沙丘后面的黑色平顶山的形状令我深深着迷。"沙漠地区清新干燥的空气抹去了距离感，远山给人一种近在咫尺却又遥不可及的错觉。欧姬芙在画作中将这种错觉表现了出来，通过明暗交替画出了向远处延伸开来的层叠的群山，正如《新墨西哥州阿比丘附近》（1930）中画的那样。欧姬芙对沙漠中的动物尸体的骨头也很感兴趣，这些骨头就像是沙漠不可分割的一部分。她写道：

　　"于我而言，（这些白骨）与我知道的一切一样美丽，比四处走动的动物更具生命力……在沙漠之上有一种鲜活的看不见的东西，而白骨在这之中显得非常刺眼。这无形的存在广袤、空旷且壮丽，但

却不懂得仁慈。"

在欧姬芙艺术生涯的早期，她曾画过极其细致的大画幅花卉特写。她甚至用类似的画法来表现沙漠的广阔。她仔细地观察每个元素，无论是白骨还是山脉，然后在没有参照环境的情况下将这些元素扩大填充画面，这体现在她的《新墨西哥的黑山／玛丽的后山 II》（1930）等抽象作品以及《公羊头、白蜀葵和小山》（1935），这一系列画作把物体刻画得非常生动，不仅如此还表现出了大漠的磅礴壮阔，画面超乎自然。

自 1888 年美国《国家地理》杂志创刊以来，彩色摄影开始流行，对那些只看过贫瘠沙漠的人来说，沙漠中多样的红色让他们眼前一亮。摄影展现了沙漠的另一面，另一种色彩和结构。安塞尔·亚当斯拍摄的内华达沙漠、科罗拉多大峡谷、死亡谷和约塞米蒂国家公园的黑白照片为北美文化史增添了浓墨重彩的一笔。他的照片具有很高的分辨率，直观地展示了大风景和微小细节，他的作品同样也成了美国的文化象征。亚当斯的作品虽然乍一看非常自然，但他的图像并不是真实的，作品的视角和光线多是为了呈现出壮美景色的情感意义和精神价值有意为之的。这种情感意义比任何实际体验都要强烈，深刻地影响着人们以后看到这类场景的感受。如今，因为过度开发等原因，越来越多的荒野消失，亚当斯为此感到十分惋惜，同时他也失去了在大自然享受独处的

乔治亚·欧姬芙,《公羊头、白蜀葵和小山》,1935年,布面油画

机会,为此他将他的摄影作品贡献给了山峦协会,支持环境保护宣传。山峦协会由约翰·缪尔于1892年创立,旨在保护原始生态地区。在荒野保护运动中,我们可以看到他极具魅力的一面,他告诫人们破坏土地资源的严重后果,呼吁建立国家公园、停止对荒野的开发,特别保护沙漠地区。他的摄影作品广为流传,刊登在了众多报刊上,也印在了日历,他的作品诠释了他的环保理念——人类能够与自然和谐相处。

与澳大利亚沙漠有关的艺术

澳大利亚中部沙漠人迹罕至,第一批踏足这片地区的欧洲人是探险家和测绘员,他们的任务是为这片毫无特

征、地势平坦的沙漠绘制地图。在看到这片土地时,可以想象他们是多么绝望。爱德华·弗罗姆的水彩画《第一次看到盐沙漠——所谓的托伦斯湖》(1843)生动地表现出了他们的挫败感,标题中"所谓的"讽刺意味十足。弗罗姆是南澳大利亚的总测绘师,他的作品再现了他和助手在这片荒凉大漠上无的放矢的样子,画面中唯一有意思的只有人物。图中可以看到他还用上了望远镜,企图找到一些地理特征,但其结果只是徒劳,这一刻画更加凸显了这个国家的荒芜。所谓的"湖"只是一处盐沙漠,画中笼罩的荒凉感只不过是大自然的欺骗,但是画中流露出的失望和沮丧来自画框之外——殖民者的希望破灭。

第一位参与勘测探险的职业艺术家是路德维希·贝克尔。1860年,他和伯克、威尔斯一行人开始了从南到北穿越欧洲大陆的探险之路,这支探险队命运多舛,一路遇到了许多艰难险阻。贝克尔也是一名博物学家,他曾绘制了沙漠植物和动物的素描,刻画细致入微,他所创作的风景画也极具感染力。他非常崇拜卡斯帕·大卫·弗里德里希,受弗里德里希影响,贝克尔的作品充满浪漫主义色彩。他曾经创作了许多大胆的作品,其中一幅是《穿越特里克平原,1860年8月29日》(1860),素描中两支队伍从地平线外一个看不见的点出现,左边的队伍骑着骆驼,右边是骑马的人和有篷的马车,在他们中间,伯克骑着跃起的马比利。骆驼队前方是牛的骨架,这似乎预示了他们远征的灾难性后果,但贝克尔明显不可能知道这一点。骑手和坐骑被草原上散发的热气遮挡，看上去都是半透明的，但现在看来，这场探险注定要失败，画中的热气给画面赋予了一种诡异的氛围和戏剧性的讽刺意味。

沙漠中的海市蜃楼一度让贝克尔的探险队幻灭，对贝克尔来说，幻象是超越肉体体验的现实。在《荒凉营地旁的泥沼沙漠边界》中，他也娴熟地运用海市蜃楼的效果，让我们也对所见产生怀疑。画面中的野狗、鸸鹋、龟裂卷曲的泥浆让场景看起来颇有几分真实感，然而一队骑着骆驼的人在耀眼的光芒下出现，若隐若现，让野狗、鸸鹋、泥浆和远处虚幻的湖泊、树木互为一景。画面中描绘的正午眩光也许是受约瑟夫·玛罗德·威廉·透纳影响，也表现了贝克尔对光线的迷恋。

在旅行途中，贝克尔一贯遭受领队伯克的欺凌，饱受

路德维希·贝克尔，《荒凉营地附近的泥沼沙漠边界》，1861年，纸上水彩画

高温和苍蝇折磨，条件艰苦，缺少绘制材料，贝克尔就地取材，画出了他那精巧细致、若隐若现的画面。他用桉树胶代替了水彩颜料中的阿拉伯胶，在这上面用印度墨水画出交叉影线，表现阴影，或者涂上相对干净的废水或清漆来达到通透的效果。这场不明智、注定失败的探险过后，最持久和最有意义的成果正是这些耐人寻味的水彩画。

现代主义艺术结合了清晰凌厉的线条、几何形状、扁平的色块，现代主义突破以往沙漠艺术风格。汉斯·海森是第一位将现代主义与澳大利亚沙漠联系起来的艺术家，他早期的桉树画作非常成功，引起了人们的情感共鸣。1926年，海森到南澳大利亚干旱的弗林德斯山脉，他讶异于那儿给人的视觉感受，干燥的空气让视野变得极为清晰，山石轮廓鲜明，看似近在咫尺，几乎看不到一片草叶，一切都是单调的几何形状。他在给同是艺术家的朋友的信中写道：

> "这里给我的第一印象是宽广、简单、轮廓优美。一马平川，景物轮廓分明，距离给人一种错觉，感觉前景和中景毫无差异……究其原因，广袤是其一。"

在思考构图时，海森希望将巨大的岩层放入画面，但必须把它们放在构图的远景，并简化形式、强调形状，如此一来，形成了一种和当代艺术相似的形式，而这正是他想要的。他写道："部分场景已经构思好了，这画面似

1985 年发行的澳洲邮票，复制了西德尼·诺兰的《马斯格雷夫山脉》（1949年）和拉塞尔·德雷斯戴尔的《中国墙》（1945年）

乎在说，这就是你们现代派想画的。精细的刻画、壮阔的背景、简单的形式与清澈透明的天空相映成趣，所见之处皆有深远的空间感。"海森特别着迷于砂岩巨石和破碎的石板，他会在描绘旱地的时候特意将这些元素刻画出来，《布拉奇纳峡谷的守护者》（1937）便属于这类作品。事实上，当他发现雨后这个地区的新草长起来时，他就不愿意在那里作画，因为他觉得那里非常令人不安，极不协调。

拉塞尔·德赖斯代尔的沙漠主题画作更具开创性，他直面贫瘠空旷的土地和平淡无奇的天空，在技法上实现了突破。在他的画作中，他使用了棕色、黄色来描绘大地上的景物，将天空画成了牛血色，这种色彩搭配传达出天地间的压迫感和囚禁感。他的作品与自然主义没有任何联系，他把荒凉贫瘠的风景变成了一个超现实的世界，里面住着畸形的、瘦骨嶙峋的人，在这片荒凉的土地上生活着，但仍对这疾苦的生活安之若素，为表现这一点，可以看得出德赖斯代尔花了很多心思。在《喂狗的人》（1941）中，荒芜的土地上画着枯死的树干、一个破烂的车轮、挂在树枝上的一把废弃的椅子、灰狗欢快地跳着迎接它们的食物。在德赖斯代尔的作品中经常可以看到画面里离开的定居者丢弃的垃圾，正如在《景中鸸鹋》（1950）描绘的那样，废铁、破碎的风车、生锈的锡罐和管道等组合成了离奇的造型，轮廓就像背后中景的鸸鹋，其讽刺意味不言而喻。

在澳洲沙漠美术史上，海森颠覆了景物的形状，而德赖斯代尔则颠覆了配色，直到飞机问世后，这一主题下的创作才发生了彻底的改变。从前，这片地区人迹罕至，挫败了无数探险家，在这之后，艺术家们能够一眼看到这片广袤无垠的地区，欣赏它的地貌，但在上方只能看到土地的轮廓，所以这一时期的画作较为抽象。第一位在上空描绘澳大利亚沙漠的艺术家是西德尼·诺兰。1949年，他飞过马斯格雷夫山脉，一直飞到艾尔斯岩（即现在的乌鲁鲁）。他非常兴奋，但也因为风、荒凉和刺眼的光感到害怕和厌恶。从空中俯瞰，古老的红色小山就像火山坑一样，无止境地向远方延伸，给人一种错觉，仿佛整个大陆就是一张地形图，大得足以看见地球的曲线。诺兰巧妙地运用了色彩和阴影，他的作品给人一种刻画细致的感觉，为了表现出画面耀眼的光芒，他还使用了快速干燥的里波林油漆，既体现出了光的明亮，又体现了热气的辉光。

诺兰在描述这片不毛之地时说道：

> "严酷……比地球上任何地方都要荒芜贫瘠。数千里开外，除了红色的沙漠，几具动物的尸骨，只能看到几处破败街道的遗迹，淘金的人曾经想在这里建一座城镇。"

尽管诺兰的作品并没有情感表现，但这些画作都是在一定概念下创作的。诺兰后来说道："我想讽刺说对这片沙漠死心的陈词滥调……我希望画出这片风景的纯净和它带给我的震撼。"诺兰缔造了这片大陆上新的神话，而这神话既具有个体性又具有普遍性，既是时代的又是永恒的。

诺兰对探险家伯克和威尔斯也非常感兴趣。他从空中俯瞰他们走过的荒野，两位探险家的毅力让他肃然起敬。然而，在他的画中，看到的不是 19 世纪艺术中的英雄形象，而是走在荒野里恐惧不安的探险家，他们代表了所有无法适应这片陌生大陆的欧洲人。艺术评论家巴雷特·里德评论道：

> "诺兰是从悲剧视角看这片土地的。这是嘲弄……太残忍了……（这片沙漠）占据了广阔而干旱的内陆，就像月表一样孤独……这是我们现在回看这片地区时最重要的感受，我们无法回避。"

与南极洲有关的艺术

尽管南极洲和澳大利亚存在巨大的差异，但这里也给创作带来了类似的挑战。与澳大利亚中部的沙漠相比，南极洲冰漠更加贫瘠，毫无特色。艺术家第一次来到冰漠时，空洞、单调的白色和几近平面的空间让他们望而却步。正如历史学家斯蒂芬·派恩所说："南极洲的简单让它显得与众不同……冰景和我们见过的任何风景都不同……（它）极简且极其抽象。"南极洲冰景给我们看到的不是那儿有什么，而是那儿没有什么。

　　对于 18 世纪航海的地理学家来说，南极洲只是一片辽阔的白色荒野，但这片地区还有大量漂浮的冰山，形状奇特各异。库克船长的第二次远航太平洋时，带了一位英国画家——威廉·霍奇斯，他拍摄的一张照片被收入"冰山，1773 年 1 月 9 日"系列作品，成为第一组广为流传的南极摄影作品。他的这幅作品充满了动感，右边的冰山拔地而起，前景中间位置可以看到一群船员在一个小冰山凿冰取水，在另一艘船上的可能是探险队的博物学家约翰·莱因霍尔德·福斯特或者他的儿子格奥尔格，画中人用枪瞄准了盘旋的海鸟，也许是为了获取食物或标本，中景是库克的"决心"号停泊在海面上，气势恢宏。构图唯美优雅，衬托出了冰山的宏伟，避开了直接描绘冰架的难题。

　　古斯塔夫·多雷曾经为柯勒律治的《古舟子咏》（1878）画了一组插图，他的作品感情色彩更加强烈，画面极富想象力。全书第六张整页插图《所见唯冰雪》是多雷的作品，画中一艘幽灵般的船，桅杆上垂落着闪闪发光的冰柱。这幅画与诗的哥特式风格非常相称，船看起来完全被高如桅杆的冰山囚禁了，月虹横跨冰壁，像一座弯曲的桥，吉利的象征——信天翁盘旋在船的上空。

　　前往澳大利亚沙漠和南极洲内陆的探险队之所以会带上艺术家，是因为需要他们给冒险实录绘制插图，出版的实录一般能获得不少利润，能够偿还探险所欠下的债务。探险队的科考报告部分内容与风、温度和地震测量有关，对于绘制插图毫无帮助，其他内容研究的则是动物物种。因此，题材只有南极洲的天文现象或者船员英勇对抗自然的场面，人们认为描绘景物不重要，也不可能。

后勤保障同样是令南极探险的艺术家们头疼的事情。在南极洲的低温环境下，颜料和手指都会结冰，他们不得不使用粉笔或铅笔画草图，并在草图上注明颜色，有条件时才给水彩画填色。南极探险"英雄时代"的拍摄条件更加艰苦，摄影师的装备重达 100 千克，需要配备额外的雪橇，且通常都是人工拖运的，加上大风呼啸、暴风雪频繁，摄像机的设置总会被破坏，能见度为零。在霍巴特海滨可以看到雕塑家斯蒂芬·沃克为路易

威廉·霍奇斯，《冰山，1773 年 1 月 9 日》来自詹姆斯·库克的《航向南极》（1777 年）

斯·伯纳和他的狗乔制作的青铜雕像，雕像旁的设备正是南极摄影师装备的真实再现。在南极洲探险时，每到晴天，冰面上耀眼的阳光令人目眩，视线湮没在干燥的空气中，所以在这个时候，摄影师拍的大部分内容是船只、小屋或人。那时的摄影师对冰山特别感兴趣，尤其认为形状奇特的冰山拍出来效果极佳。1910 年至 1913 年间，赫伯特·庞廷跟随斯科特一同探险，他把冰洞作为拍摄框架，画面里是摆出各种姿势的探险者，人物才是大众的兴趣所在。一般而言，在创作时很难将冰本身作为艺术作品的主题。弗兰克·赫尔利曾经跟随莫森和沙克尔顿去探险，他拍摄的照片极为壮观，其中最著名的作品拍摄的是沙克尔顿的船"持久"号被困在浮冰上的场景，为了拍摄这张照片，赫尔利在船桅和船柱上以及船身周围放置了遥控照明弹，成功地让船在极地黑暗中发出巨大的亮光。

　　"英雄时代"最出色的画作要数爱德华·威尔逊精致的水彩画，他是斯科特探险队的医生和博物学家。他笔下的自然现象十分科学准确，且画面极具艺术感，可以看出他对极光、幻日和幻月等天文现象的痴迷。在去往南极途中，他曾画过罗斯冰架上的幻日现象，现场测绘细致入微。他也曾画过斯科特第一次探险时的船"发现"号，画面构图精妙，前景是正跳下冰架的企鹅，幻日环绕着船上索具，海鸟盘旋于上空，所有这些都是基于他的观察得出的。在描绘幻日的画中也能见到标识颜色和

詹姆斯·弗朗西斯·赫尔利,《冰上的"持久"号》,1915年,明胶干版

亮度的笔记,假若威尔逊能够生还,作品便能够完成了。透纳是他崇拜的画家之一,两人都热衷于把现场的光线在画里表现出来,无论是冰海反射的光、埃里伯斯火山腾升的蒸汽,还是极光、幻日、月晕,又或是山脉和海市蜃楼折射出来的图像,要捕捉光线并不简单。

第二次世界大战后,南极探险再次掀起热潮,受美

国《国家地理》和《奥杜邦》等杂志社委托，探险家们纷纷踏上征程，首要目的仍是报道和文献记录，主要媒介是摄影，后来人们来这探险主要是为了拍摄电视纪录片。然而，画家似乎在这个时期的探险队里没有一席之地。直到1963年，澳大利亚画家西德尼·诺兰得到了美国的赞助，乘飞机来到了麦克默多海峡，画下了南极风光。在诺兰的画中，澳大利亚的沙漠就像神话上演的舞台，画中不乏动物残骸、伯克和威尔斯探险的象征意象等元素。他在空中第一次见到南极洲的瞬间，他发现这片偌大贫瘠的大陆与澳大利亚沙漠如此相似。在他创作的南极风景画中，许多隐含了空中视角，在《冰川》（1964年9月2日）中尤为明显。在绘制澳大利亚中部沙漠和南极洲大陆景观时，诺兰着眼于刻画山脊和山地的地质骨架，而在南极洲创作的画作更具动感，深蓝色和绿色的冰河蜿蜒于两座冰山之间，画中河流就像在流淌着。南极洲和澳大利亚之间的相似之处也体现在他的作品中，在《探险者》（1964）中，探险者的头罩结满了冰，双眼瞪大，眼神呆滞，就像一座被冰雪嘲弄的冰雕，诺兰笔下的澳大利亚探险者也仿佛被沙漠讥笑嘲弄一般，极具戏剧性。

　　天文现象为本无生气的南极洲赋予了色彩和动感，以前南极探险队的画家专注于刻画这些景观，而到了现代，天文景观主要出现在科学摄影师的镜头里，现代画家则把注意力放在了刻画冰本身。冰折射的色彩、冰的变化以及极其多样的形态都是画家们钟爱的题材，这类作品往往折射出了后现代视角里破碎的现实，这对于艺术家来说也是一项挑战，从中衍生出了创作颜料画、摄影、粉彩画、蚀刻版画的新技巧。

20世纪70年代，英国画家大卫·史密斯在南极洲待了12个月，他对冰变化的各个阶段和形态都非常着迷，在刻画冰的结构时结合了具象和抽象手法。他的作品《海面冻结》（1975—1976或1979—1980）运用了深浅不一的蓝色，整个画面斑驳，呈现出海面上刚形成的大片饼状冰，冰片上泛着小白点，表示冰层间的相互碰撞，边缘闪闪发光，因此海水看起来像是在不断地运动。史密斯认为冰并不是无色的，它会反射四面八方的颜色，通过不同平面和角度将光线折射出去，形成冰面彩虹。在《落日与冰山》中，他描绘了日落的场景，画面色彩繁杂华丽，与我们想象中单调的蓝色形成了强烈的对比，正如史密斯所说，冰上光影之美一定会让印象派大师着迷。他和威尔逊都沉迷于刻画南极洲的天象，他对郝利湾的幻月现象的描绘捕捉到了这一景观的对称性。

澳大利亚艺术家克里斯蒂安·克莱尔·罗伯逊（Christian Clare Robertson）的作品用了更加精细的手法来表现冰的复杂结构。她的"极端地貌"艺术研究项目专门研究板块运动，南极洲便是研究对象之一。在搭乘飞机前往莫森站途中，她从空中俯瞰南极洲，看到了支离破碎的海面，冰的分布错综复杂，有一块块厚板状的冰山，还有像刀锋一样锋利的冰墙，陷入了深浅不一的

蓝色裂缝中。她的作品中有4幅被选为邮票的图案。在
1990年创作的《十二湖》（之所以这样命名是因为这座湖
后的山上有罗马数字"XII"的标识）中，冰面龟裂形成
了立体的和软金属网一样的网格，冰下的水清澈见底，
冰面的龟裂在湖底的砾石上形成了平行交错阴影。罗伯
逊在作品中多次运用透视手法，画出现实中清透的空气
带来的错觉，在空间上和距离上给人若远若近的感觉。
罗伯逊的《冰洞》（1990）运用了莫里茨·科内利斯·埃
舍尔的画作中典型的视错觉效果，让观者迷惑——不知
是在洞里，还是从洞外往里看。画面中晶莹深邃的蓝色
狭窄隧道看起来似乎与周围混杂的碎冰相分离，隧道的
尽头似乎是垂直向上的，但从任何一个角度看，都无法

大卫·史密斯，《海
洋冻结》，水彩画

确定朝向。

　　另一位澳大利亚艺术家琳恩·安德鲁斯同样热衷于挑战自我，她作品中也展现出了各种形态的冰。她的双联画《冰崖上的冰舌》（1997）再现了垂直而下的坎贝尔巨大冰舌，高耸矗立在橡皮艇上，令人眩晕。安德鲁斯写道：

　　　　"这些悬崖展现了冰川的另一面……有着湛蓝的垂直冰缝、小冰洞和尖锐的冰柱。一些裂缝有着褐色的岩屑……然而，这些超坚固的冰块会崩解形成

大卫·史密斯，《幻月》，郝利湾，南极洲，布面油画

克里斯蒂安·克莱尔·罗伯逊,《十二湖》,1990 年,亚麻布面油画

林恩·安德鲁斯，《冰崖上的冰舌》，1997 年，棉帆布上的油画，两个面版

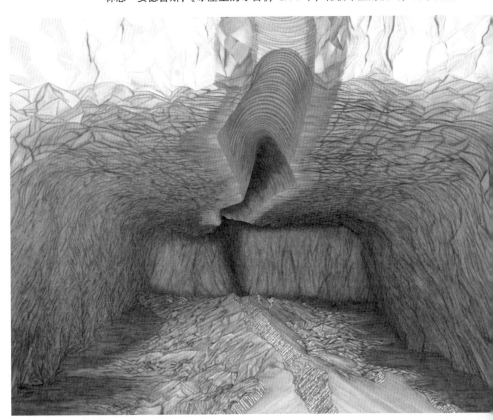

克里斯蒂安·克莱尔·罗伯逊，《冰洞》，1990 年，亚麻布面油画

冰山，漂浮到海里，最终分解。油画颜料恰能表现出冰的微光，油画创作的过程就像冰川形成的过程，仿佛看到了冰渐渐分层。"

以往的构图难以容下南极洲的冰天雪地，因此当代艺术家们不得不另辟蹊径，他们开创了新的表现形式，从新的视角入手。他们借助印象派、现代主义和立体派的手法，创作出的图像虽是基于对现实的观察，但颠覆了人们原有的想象，游走于现实与想象之间。正如诗人莱斯·穆瑞描述澳大利亚沙漠时说，艺术家们在这里看到了：

　　"一片原野，全是前景，也全是背景，就像一幅画，画面里一切都是相等的，无尽细节被纳入其中，就如同上帝视野所见，一切景色不因视角变换而减一分。"

第八章　开采与机会

> 沙漠到处都是矿藏，在这里，人类可以摆脱文明的枷锁，这是沙漠给我们的最大宝藏……在沙漠中，人可以逃脱一切束缚，这里根本没有人，也不会有指指点点，所以人类在那儿引爆炸弹，在那儿倾倒有害物质，但他们始终无法对这里造成任何破坏，因为这里也没有什么可破坏的。
>
> ——大卫·达林顿《莫哈韦沙漠》（1996）

达林顿这段话极具讽刺意味，但下一段开头写道："人类也许都是这么想的，直到最近……人类看到了新的一面——沙漠是美的！"但可悲的是，第一段话所描述的事情在许多沙漠地区已经发生了，且正在发生着。

我们回溯过去，看看我们过去如何看待保护荒野和雨林，我们曾经抱着这样的想法：这些生态系统中的生物生长得如此之快，当然可以自我再生，又怎么会需要保护呢？

荒漠化即与沙漠接壤的半干旱土地退化，通常是人类活动造成的，所形成的土地并不是沙漠，后者的形成方式完全不同。联合国发表的报告中写道："沙漠是独特的、高度进化的自然生态系统，沙漠和其他生态系统一样是生物的生存环境，同样承载着大量的人口。"在进化过程中，沙漠生态系统在缺水的情况下也能生存，干旱本身对沙漠不会构成威胁，但是，由于人类过度放牧、滥伐森林、水土流失、不可持续农业、灌溉导致的盐碱化、农用化学品或水力压力造成的土壤和水污染、工业规模采矿以及这些活动和旅游业的交通运输，沙漠生态系统难以为继，世界上已经有20%的沙漠受到了土地退化的影响，许多人类活动是近年出现且毫无征兆的，沙漠地区甚至没来得及进行生态修复。

　　人们曾经认为沙漠毫无经济价值，但近年来，他们渐渐地发现了沙漠的财富和机会。许多沙漠地下拥有大量矿藏，如钻石矿、铀矿、煤矿、石油和天然气资源。这里同时也为放牧业和农业面积扩大、城市扩张、太阳能发电提供了空间，在许多领域具有特别的科研价值，并且已经成为热点旅游目的地。沙漠的财富促进了许多贫困国家的经济发展，但沙漠开发通常是以破坏环境和牺牲当地人的利益为代价的，当地人虽然是主要的劳动力来源，但往往无法获得相应的利润和回报。

　　除人类活动外，气候变化也对沙漠环境造成了破坏。气候变化影响着整个地球，威胁现有沙漠的生物多样性。正如我们前几章所讲，动植物已经进化出了特殊的适应能力，得以在这些恶劣的环境中生存下来，但是，面对更高的温度和进一步的干旱，动植物已经没有了退路，面临着灭绝的威胁，目前濒临灭绝的沙漠物种包括细角瞪羚、猎豹、白长角羚、旋角羚、大角野绵羊和阿拉伯塔尔羊等。

南极洲大陆被冰雪覆盖，周围是南大洋，南极洲生态系统对气候变化非常敏感，但也同是气候变化的主要动因。冰的蓄水和融水以及冰中的二氧化碳量三者之间的平衡是维持全球气候系统的重要因素，这一平衡影响着温室气体水平、海平面上升、海洋酸化、气候变化的速度和环境的变异性。

人类居住、放牧和农业的扩张将土地上原有的植被破坏了，导致荒漠化加剧，并且打断了沙漠中动植物群落的演替。在其他地形中，火灾或一般道路清理之后，植被能够迅速开始自我更新，但在沙漠中没有过渡期植被，土壤没有肥力，动物缺少遮蔽栖息地，只有原始的、拥有适应性特征的植物才能够恢复，这可能需要几年，甚至几十年，或者可能永远不会再生。干扰沙漠生态系统的人类活动近年来迅速增加，从前人们不看好的土地如今也成了人们趋之若鹜的待扩张土地。道路和管道蜿蜒延伸进沙漠地区，随之而来的是发电厂、加油站、房屋和城镇，加剧了土壤侵蚀，原来的沙漠被混凝土取代，和附近的城市几乎没有区别。

对于沙漠地区的贫困居民来说，灌溉系统在短期内能够将旱地转化为良田，看似是福祉，但这种转变背后需要付出巨大的代价。地下含水层排水会导致盐碱化，进而侵蚀土壤。澳大利亚中部沙漠下是世界上最大的内陆流域之一——大自流盆地，地下水的水位上升便形成了天然泉水。这里曾经是鱼鸟繁盛、资源丰富的生态系统，但是人类为了获取畜牧、农业和采矿所需水源，在这片地区挖掘泉眼，钻了许多孔，大大减少了天然土墩泉水的流量。在其他地方，人类活动的影响更加严重。

最严重的生态灾难发生在克孜勒库姆沙漠，咸海不断萎缩，即将消亡。乌兹别克斯坦的棉花工业用水量大，加上沙漠中的水稻和小麦作物亟待灌溉，而阿姆河和锡尔河是咸海的主要支流，正是河流大面积灌溉造成了咸海萎缩。咸海曾经是世界第四大湖泊，自从1960年实施灌溉计划以来，咸海已经缩小了原有面积的15%，留下了大片的盐碱地。如今，剩余水域的含盐量是海洋的2.4倍，许多当地鱼类无法生存，这冲击并摧毁了当地的渔业。此外，咸海还受到化肥和化学杀虫剂的污染，这容易导致人类呼吸道疾病和癌症。干涸的湖床不时吹来沙尘暴，带来了危险的农用化学品，含盐的尘土沉积在邻近的田地上，耕地变得贫瘠。哈萨克斯坦的政府认为拯救南部咸海已经无望了，建起了一座大坝将南咸海分隔开，以提高北咸海的水位，这一临时的解决方案让咸海卡拉库姆沙漠沙尘向南蔓延，在那里，农田灌溉将沉积物冲走了，在格陵兰冰川、俄罗斯田野和南极企鹅的血液中都发现了来自该地区的微量农药残留，污染是不分国界的。

卡拉库姆沙漠也难逃一劫，1954年，人们建起了1375千米的卡拉库姆运河，极大地提高了该地区土壤的生产力，但也导致了土壤严重盐碱化，盐壳随处可见。

部分沙漠地区拥有石油和天然气储备，地区经济蓬勃发展，但其生态损失可能远远超过了收益。在北非和阿拉伯沙漠，陆地和淡水中的石油泄漏事件屡见不鲜，影响了地表资源和多种地下生物的生存和其所在的复杂的食物链，食物链上也不乏人类食物来源。此外，泄漏的石油会在动植物身上产生一层油膜，加上油本身具有毒性，对于动植物来说是致命的，还因此破坏了环境。石油大火一旦发生，能够持续燃烧数月，大量污染物被排放到大气中。战时的坦克快速穿越在沙漠上，破坏了表层土壤，沙丘松动，极不稳定。更糟糕的是，1991年，美国和北约在这片地区投掷了300吨贫铀，美国飞机还发射了铀弹药，对土壤和水源造成了长期污染。

土库曼斯坦，达瓦扎的"地狱之门"。2010年，由于矿井坍塌，天然气从火山口失控燃烧

这些环境灾难都是战争期间人为故意引起的，而曾经发生在卡拉库姆沙漠中央的事件应该被归为自然灾难。1971年，苏联地质学家在土库曼斯坦达尔瓦札村庄附近钻探天然气，意外地挖到了一个天然气坑，洞穴下的地面塌陷，只留下一个70至100米宽的坑。为了避免有毒气体蔓延，他决定烧完这些气体，从那时起，大火就一直在燃烧，向大气中释放了大量一氧化碳和二氧化碳，当地人把这个坑称为"地狱之门"。

采矿活动可能只会对小区域造成直接影响，却会对周围地区造成间接影响。现代采矿方法非常耗水，矿业公司为了抽走、排出地下水，经常在地下水位之下进行开采，这种做法被称为"降水"，这会导致该地区的泉水和井水干涸、土地沉降，还威胁到绿洲、湿地的生态环境以及灌溉系统。

矿井资源耗尽时，还会出现其他问题。人们将副产品和碎石倾倒在废弃的矿区，一些剧毒化学品还会渗透到土壤和地下水中，风和洪水将会进一步扩散这些毒素。智利的普纳高原地区堆放着废弃的铜、铅和硝酸盐矿，这些都是化学物质渗漏的潜在污染源。部分高海拔的矿井靠近河流源头，而这些河流是灌溉系统的一部分，甚至是人类饮用水的来源，这些矿井尤其危险。

磷酸盐和铀等金属和非金属矿物开采对大多数撒哈拉国家来说是非常重要的经济来源，但当地人很少能从中获益，因为跨国公司会引入熟练的技工，非熟练的工人只能得到最低工资，他们的土地甚至还被征用了。纳米布沙漠的大部分地区受到了保护，但由于纳米比亚的经济非常依赖开采业，探矿、铜矿开采和海陆钻石开采，一些动植物资源丰富的关键区域面临着威胁。

太阳能发电等活动，看起来无害甚至对地球有益，但在建造相关设施时也可能会对环境造成短期破坏。目前，科学家们在脆弱的沙漠生态系统从事研究工作，已经耗尽了当地的所有资源，只留下废物和污染。科学家们在南极洲的科考基地留下了大量废弃物，如今人们着手清理这些基地，所有的废弃物均被送回有关国家，仅是定下这一计划就用了一个世纪的时间。

沙漠的旅游业也同样存在问题。一方面，人们去沙漠旅游后，对沙漠有了新的认知，意识到了沙漠的重要性和沙漠生态系统的脆弱；另一方面，旅游业带来了大量的游客，他们来到沙漠，对稳定供电、供水、新鲜食品供应、交通和娱乐抱着一贯的期望，当地政府为了满

澳大利亚平方公里阵列射电望远镜，天线正在建造在默奇森射电天文台

足旅游业发展一并开发了相应产业。人流量过大时，游客践踏土壤会破坏脆弱的植被，几十年甚至永远都无法恢复，并且由于人们践踏沙丘、大量车辆碾压，本就生长缓慢的植被遭到破坏，风蚀和水蚀加剧，特别是对受周期性洪水影响的河床影响更加严重，人类甚至还没充分认识到这带来的长期后果。旅游业也给沙漠文化遗址带来了损失，在偏远地区，不法分子掠夺考古遗址、破坏岩石艺术，相关部门难以监控。

在南极洲，为了减少这些潜在的损失，人们采取了特别措施。1959 年，先前对南极洲有领土主张的国家签订了《南极条约》，暂时放弃了领土主张，该条约规定了未来在南极洲研究和管理的守则，当时 12 个国家签署了该条约，如今有 44 个签约国。到 1991 年，《马德里议定书》延长了《南极条约》的期限，规定在 2048 年前禁止采矿，即使到了 2048 年，也需要三分之二的签署国同意才能解禁。因此，目前对这片地区影响最大的是游客和基地工作人员，前者数量更多，但停留时间较短，并且旅游公司意识到如果企业不履行保护环境的责任，很可能会被吊销执照。许多人仍然担心科学人员会将外来物种引入南极洲生态系统，这是最大的风险隐患，目前已经在企鹅身上发现了来自家禽身上的病原体，以前在这片地区的雪橇犬感染了犬瘟热，疾病蔓延到了海豹身上，人类衣物上的细菌也在威胁信天翁和海燕的生存。目前，科研基地正在研究能够替代石油的能源和水循环利用系统。《马德里议定书》

阿塔卡玛大型毫米波天线阵位于智利安第斯山脉海拔5000米的阿塔卡玛沙漠的查南托平原上。阿塔卡玛大型毫米波天线阵是现有最大的地面天文项目,将包括一组巨大的12米亚毫米质量的天线,基线数公里。该项目由欧洲、东亚和北美与智利共和国合作,于2013年完成

也规定了所有倾倒入海里或冰缝中的垃圾都要清理干净,有条件的话必须将留在大陆的垃圾运走。有关部门建起了保护区,禁止车辆通行,游客(包括探险者)的人数也受到了严格控制,但部分较小规模的探险活动难以监测,也不能保证私人探险队弃置的车辆会被清除。

部分发展中国家的沙漠领土划分不均等、国家人口数量动态变化、地区贫困等因素也是导致过度开发沙漠的重要原因。部分国家拥有大片的沙漠地区,人们在竞争战略性资源(即水和土壤)的过程中往往还面临着政治和社会挑战,而这些情况通常导致财富和土地资源分配不平等、高度集中,造成了社会动荡、暴动,从而加重了土地退化。人们也许应该采用跨学科研究方法来协调当地需求和全球可持续发展,让人类适应更大的生态

系统，尊重这些独特而美丽的地方。

　　与此同时，也有部分项目利用了沙漠上的太阳辐射和沙漠地区干燥的环境，这些项目不仅为社会做出了贡献，而且对环境的影响也非常小。其中之一是由德国牵头的沙漠太阳能发电项目"沙漠技术"，在埃及贝尼苏韦夫附近的撒哈拉沙漠无人区建造了 6000 个抛物线槽用于收集太阳能，总面积达 13 万平方米，到目前为止，该部分面积收集的太阳能只是该电厂预计最终产能的七分之一，电厂竣工后，不仅会为中东和北非提供电力，还将为欧洲提供电力，大大减少化石燃料的需求。

　　除太阳能发电外，沙漠也为天文学提供了绝佳的科研环境。沙漠的夜晚万里无云、大气干燥、没有光污染，为观测天文现象创造了理想条件。例如，阿塔卡马沙漠

拉西拉天文台在阿塔卡马沙漠，在遥远的山顶上可见，位于拉塞雷纳市以北 100 千米的半沙漠地区

欧洲南方天文台，帕拉纳站。这张欧洲南方天文台的硕大望远镜瞭望台的航拍照片展示了该观测点的卓越品质。在前景中，我们看到硕大望远镜瞭望台的 4 个 8.2 米望远镜和控制大楼的圆顶，它们位于智利帕拉纳尔山海拔 2600 米的地方。背景是积雪覆盖、6720 米高的尤耶亚科火山，它位于阿根廷边境以东 190 千米处

极度干旱，每年有 340 个以上晴朗的夜晚，欧洲南方天文台在智利 3 个不同的高海拔地建造了世界上最先进的望远镜，包括拉西拉天文台的新技术望远镜、帕拉纳尔天文台的硕大望远镜瞭望台和拉诺德查南托天文台的阿塔卡马大型毫米波阵。阿塔卡马大型毫米波天线阵建有 64 个相连的 12 米无线电天线，将用来研究 130 亿年前宇宙大爆炸的残余辐射，以及构成宇宙的分子气体和尘埃。亚毫米波长的辐射在其他地方通常会被大气中的水吸收，但在阿塔卡马沙漠无须担心这个问题。欧洲南方天文台计划在阿塔卡马沙漠海拔 3060 米处建造一座 42 米高的欧洲极大望远镜，用于观测 5900 万光年外的恒星，以便研究星系红移，了解宇宙的遥远过去。在未来，欧洲南方天文台还将建造更多的望远镜。

世界上最大最灵敏的射电望远镜将是平方千米阵，目前正在非洲南部和澳大利亚西部的两个沙漠地区建造。该阵列竣工后，天文学家能够看到大爆炸后首批恒星和星系的形成和演化，探索引力的本质，也许还能发现外星生命。

南极洲的空气寒冷干燥，为光学天文学观测和研究提供了重要的条件。沿海风较为猛烈，但高原顶部有着极其稳定的空气，南极洲相比其他观测站点有着最黑暗的天空和最透明的大气层，有着绝佳的观测条件。阿蒙森-斯科特南极站配备直径达 10 米的南极望远镜，现已建立起天文台，冰穹 C、冰穹 A 和冰穹 F 现正进行光学、红外和

阿蒙森-斯科特南极站，10米直径的南极望远镜的鸟瞰图

亚毫米天文学测量，追踪宇宙射线、伽马射线和中微子。

　　沙漠衍生的科学产业对世界未来的发展也许至关重要。沙漠的发电产业利用了廉价的可再生资源，这也许能够使各国经济更接近平等。天文学能够让人类了解自己在宇宙中的位置，从一个更宏大的视角看世界，战争的消耗和破坏就显得不必要了。

　　这些产业能够带来的物质利益将是难以估量的，但从长远来看，挖掘沙漠的文化价值也许更为重要。作家和电影制作人基于他们的探险经验或想象，再现了沙漠的神秘性、沉寂，给人以挑战和孤独的感受，以及在沙漠探险过程中深刻认识自我的体验。古典风景画艺术更适用于描绘观察者所熟悉的风景，其技法不再适用于刻画沙漠风景，艺术家们因此得以重新拾起感知能力。人们也对沙漠传统文化、这片土地的神圣意蕴以及人们和土地的紧密联系也有了新的认知。沙漠的差异性向人类展现了新的视角，让我们看到了极简之中出乎意料的美，学会认可和尊重不同的价值观。

术语表

冲积扇：在快速流动的河流变平、减缓和扩展的地方形成的扇形沉积物，通常在峡谷出口到平坦的平原上。

含水层：存储地下水并能够提供可采水量的透水岩土层。

南极光：南磁极附近天空中出现的彩色光带或光束。

新月形沙丘：单一风向下发育的简单沙丘形态。

本格拉寒流：南大西洋东部向北流动的宽阔洋流。

弧山：由坚硬岩石组成的狭窄平顶的小山，两侧非常陡峭，以前可能是台地。

白垩纪：从 1.455 亿年前到 6600 万年前的地质时间跨度。

沙漠化：干旱半干旱和部分半湿润地带在干旱多风和疏松沙质地表条件下，由于人为强度利用土地等因素，破坏脆弱的生态平衡，使原非荒漠的地区出现风沙活动的土地退化过程。

滞育：由于反复出现不利的环境条件而延迟发育。

沙丘：风力作用形成的丘状或垄状沙粒堆积。它们可以是半月形的、星形的或线性的（通常是平行的脊）。

短暂的植物：植物学中生命周期短的植物，通常为六至八周。

土壤水分蒸发蒸腾损失总量：通过水体、土壤等蒸发和植物叶片气孔中水蒸气的蒸腾而向大气中损失的水分的总和。

化石水：在地下蓄水层中储存了数百万年不流动的水。

风棱石：散布在荒漠表面与戈壁滩上的岩块与砾石，风沙长期磨蚀，形成光滑面和棱边。

冈瓦纳古大陆：泛大陆的南半球部分，包括现在的印度半岛、阿拉伯半岛、非洲（除阿特拉斯山脉）、南美洲（除西北部）、澳大利亚和南极大陆。

石质沙漠（阿拉伯语）：坚硬的岩石高原被风吹走细沙，留下砾石和圆石而形成的沙漠。

哈马丹风：西非干燥多尘的风，在 11 月底至 3 月中旬从撒哈拉沙漠吹向南方。

秘鲁洋流：沿南美洲西海岸向西北流动的冷的低盐度海流。

冰映光：光线在冰面上反射后在低云层底呈现的一种白色或微黄色的闪光。

海市蜃楼：空气光线穿过密度梯度足够大的近地气层而使光线发生显著折射时，在空中或地平线下出现的奇异幻景。

浮冰：由海上或海岸上的海水冻结而成的冰。它使南极洲在冬天的面积扩大。

饼状冰：直径从几厘米到几米的圆形冰块，厚几厘米，边缘升高。

幻日：属于晕族的一种大气光学现象，由位于同太阳相同的高度角上的水平白色光环构成。

幻月：属于晕族的一种大气光学现象，类似于幻日，但发光体为月亮。

地下水湿生植物：一种扎根较深的植物，从永久的地下水源或地下水位获取水分。

板块构造论：地球表面被分成七八个不断运动的大板块的理论。地震、火山活动和造山都发生在板块相接的地方。

盐湖：水中含盐度大于 35 克 / 升的湖泊。

普纳：南美洲安第斯山西坡热带高山植被。分为含有垫状植被的潮湿普纳群落和旱生草丛的干旱普纳群落。

石质平原：石质平原，路面一般由鹅卵石铺成。

盐沼：水中含盐较多的沼泽。分布在内陆干旱地区或沿海地带。

雪脊：坚硬的雪表面上的风形成了从几厘米到几米高的波浪状山脊，与顺风的方向平行。

闪烁：由大气折射扰动引起的星光亮度的快速变化。

半干旱：年降水量与潜在蒸发量之比为 0.21 : 0.50 的地区。

气孔：由植物表皮细胞分化形成的一些成对保卫细胞及其所围绕而成的小孔。是植物与环境进行气体交换的通道。

兽人：半人类半动物形状的人。

图阿雷格人：撒哈拉沙漠中部和萨赫勒地区的民族之一。主要分布在马里、布基纳法索、尼日尔、阿尔及利亚、利比亚等国。

旱谷：干旱地区的干河谷。是暂时性的洪流侵蚀形成的沟壑或河床。经风的侵蚀和改造，使谷道进一步加深展宽，形状极不规则，主谷和支谷不易分辨。这种干谷平时河床干涸，只在暴雨洪流时河床才被水占据。

旱生植物：适宜在干旱生境下生长，可耐受较长期或较严重干旱的植物。

致　谢

感谢 Reaktion Books（瑞科图书）的丹尼尔·艾伦和迈克尔·利曼邀请我来写这本书。这是一次令人非常兴奋的且有益的经历。在我漫长的研究和写作生涯中，家人和朋友的鼓励是我保持热情的重要因素，我由衷地感谢他们。

我也非常感谢以下人士允许我引用原著或版权材料：林恩·安德鲁斯和克里斯蒂安·克莱尔·罗伯逊，也感谢这两位允许我复制他们的精彩画作；感谢伊丽莎白·霍斯允许我复制她那已故的丈夫大卫·史密斯的作品；感谢莱斯·穆瑞允许我引用他的诗集《平静》（墨尔本，1994）；感谢海外基督使团允许我使用冯桂珠、盖群英和冯盖石的存档照片。杰克·戴维斯，《从飞机窗口》，来自诗歌《黑人生活》（圣卢西亚区，昆士兰州，1992年）的第 73 页，经与杰克·戴维斯遗产管理公司——柯蒂斯布朗（澳洲）有限公司的协议许可而复制。